MW01644710

CURSO PRÁCTICO DE ECUACIONES DIFERENCIALES

MANUAL DE PROBLEMAS RESUELTOS

ÁLVARO FERRADAS HERNANDO

BLANCA FERRADAS HERNANDO

CURSO PRÁCTICO DE ECUACIONES DIFERENCIALES

MANUAL DE PROBLEMAS RESUELTOS

ÁLVARO FERRADAS HERNANDO

BLANCA FERRADAS HERNANDO

Curso práctico de ecuaciones diferenciales. Manual de problemas resueltos.

Diseño de portada: Blanca Ferradas Hernando

Primera edición

Valladolid – España 2021

Edición especial para Amazon.com

A nuestra madre Carmen,

por su apoyo incondicional

y confianza.

Te echamos de menos.

INTRODUCCIÓN

Una de las materias que más difíciles les resulta a los estudiantes de Matemáticas, Física, Ingenierías y Arquitectura, son las ecuaciones diferenciales y los distintos métodos de resolución de las mismas. Este libro, está fundamentalmente enfocado en la exposición de varias técnicas para la resolución de ecuaciones diferenciales que mejoran enormemente la destreza de la resolución de este tipo de problemas por parte del alumno.

En cada tema se realiza una introducción teórica que ayuda al lector a comprender mejor los distintos tipos de ecuaciones diferenciales y el procedimiento a seguir para resolver cada una de ellas. Una vez realizada esta introducción teórica, se proponen y se resuelven varias ecuaciones diferenciales que guardan una estrecha relación con los conceptos teóricos.

El libro comienza explicando el concepto de ecuación diferencial ordinaria, siguiendo con varios temas de ecuaciones diferenciales ordinarias, que ponen el foco principalmente en el aprendizaje y la práctica de la resolución de las mismas; continuando con el estudio y la resolución de sistemas de ecuaciones diferenciales y ecuaciones diferenciales lineales. Aunque, no sea estrictamente necesario, se ha incluido un tema de riguroso estudio de los teoremas de existencia y unicidad de las soluciones de las ecuaciones diferenciales ordinarias, que son extrapolables a sistemas de ecuaciones diferenciales del mismo tipo. En el tema dedicado a las ecuaciones lineales y a los sistemas lineales se usan algunos conceptos de álgebra lineal que se suponen conocidos.

Además, se incluye un tema de resolución de ecuaciones diferenciales empleando series de potencias y un tema de resolución de ecuaciones diferenciales ordinarias, usando transformada de Laplace, donde se hace especial hincapié en la resolución de ecuaciones integrales de Volterra.

Para concluir, en los últimos temas se lleva a cabo el estudio de ecuaciones diferenciales en derivadas parciales y se resuelven varias ecuaciones diferenciales en derivadas parciales de gran importancia en Física.

1. ECUACIONES DIFERENCIALES MÉTODOS ELEMENTALES DE INTEGRACIÓN

1.1. DEFINICIONES GENERALES

Ecuación diferencial: es una ecuación para y(x) donde interviene x, interviene y, y algunas derivadas de y(x), es decir, podemos definir una ecuación diferencial como la siguiente relación f(x,y,y',y'',·········$y^{n'}$).

Ejemplo: Ecuación algebraica:

$x^2 + y^2 = R^2$ (siendo R una constante fija)

$$y = \pm\sqrt{R^2 - x^2} \implies -R < x < R$$

Ecuación diferencial:

$$y' = \frac{-x}{y} \longrightarrow ¿\, y(x)?$$

$$y = \pm\sqrt{C^2 - x^2} \quad \textit{Siendo C una constante}$$
$$-C < x < +C$$

Ejemplos de ecuaciones diferenciales en Física:

1. $m\ddot{\bar{r}}(t) = \bar{F}(r, \dot{\bar{r}}(t), t), las\ funciones\ incógnitas\ son\ \bar{r}(t) = (x(t), y(t), z(t))$
2. La ecuación que describe la desintegración radiactiva es una ecuación diferencial ordinaria.

$$\frac{d}{dt}m(t) = -Km(t)$$

3. $\frac{\partial^2}{\partial x^2}\emptyset_{(x,y,z)} + \frac{\partial^2}{\partial y^2}\emptyset_{(x,y,z)} + \frac{\partial^2}{\partial z^2}\emptyset_{(x,y,z)} = \rho_{(x,y,x)}$

   Siendo $\emptyset_{(x,y,z)}$ el potencial electrostático.

Términos básicos:

Si la función incógnita es y(x), una función real de una variable real, entonces tenemos una **ecuación diferencial ordinaria** (edo).

Cuando tenemos varias funciones de la misma variable, con varias ecuaciones diferenciales relacionadas entre sí, se dice que tenemos un **sistema de ecuaciones diferenciales ordinarias.** (S.edo). $\{y_1(x), y_2(x) \cdots\cdots\cdots, y_n(x)\}$.

$$m\ddot{\bar{r}}(t) = \bar{F}(r, \dot{\bar{r}}(t), t) \Longrightarrow \begin{Bmatrix} m\ddot{x}(t) = F_1((x(t), y(t), z(t), \cdots) \\ m\ddot{y}(t) = F_2((x(t), y(t), z(t), \cdots) \\ m\ddot{z}(t) = F_3((x(t), y(t), z(t), \cdots) \end{Bmatrix}$$

Ecuación diferencial en derivadas parciales: $y(x_1, x_2, \cdots\cdots x_n)$, en la ecuación intervienen las derivadas parciales de la función. (edp).

Orden de una ecuación diferencial ordinaria: es el **orden máximo** de las derivadas que aparecen en la ecuación:

$y' = \frac{-x}{y}$; *es una edo de primer orden*

$y'' + 2xy' + 3y = senx$; *es una edo de segundo orden*

Grado de una ecuación diferencial: si la ecuación diferencial se puede escribir como un polinomio algebraico en la variable dependiente, el grado es el **exponente al que está elevado la derivada de mayor orden.**

$y'' + cosy = x$; *No tiene grado*

Definición de ecuación diferencial ordinaria de orden n.

Si y(x) es una función de x y las derivadas: y',y'',⋯⋯⋯$y^{n'}$, entonces una ecuación diferencial ordinaria de orden n para y(x) es una relación:

$$F(x, y, y', \cdots\cdots, y^n) = 0, en\ donde\ F: \mathbb{R}^{n+2} \longrightarrow \mathbb{R}$$

Solución de una ecuación diferencial ordinaria

$y = f(x)$ será una solución si al sustituir; la ecuación diferencial ordinaria se convierte en una identidad, es decir, la curva $y = f(x)$ se dice que es una solución de una ecuación diferencial ordinaria, si ella y sus derivadas satisfacen dicha ecuación.

Ejemplo:

$y = senx + cosx$ *es solución de la ecuación* $y'' + y = 0$

Derivando: $y' = cosx - senx$; *otra vez:* $y'' = -senx - cosx$

Sustituyendo en la EDO: $-senx - cosx + cosx + senx = 0$

1.2. ECUACIONES DIFERENCIALES ORDINARIAS LINEALES

Son ecuaciones que tienen forma de polinomios de primer orden en y, y sus derivadas (y',y''⋯⋯y^n).

$y' + 2xy = x^2$ Ecuación diferencial ordinaria de primer grado.

$A(x)y'' + B(x)y' + C(x)y + D(x) = 0$ Ecuación diferencial ordinaria de segundo grado.

$yy' + 2x = 0$ Es una EDO no lineal.

$(y')^2 + 2y - 3x = 0$ Es una EDO no lineal.

$(y''')^2 + (y')^4 + yy' = senx$ Es una EDO no lineal, de orden 3 y grado 2.

Las soluciones de las ecuaciones diferenciales ordinarias dependen de constantes arbitrarias.

Ejemplo:

$$\frac{dm(t)}{dt} = -Km(t)$$

$$m' = -Km \rightarrow m(t) = Ce^{-Kt}$$

Es una EDO lineal de primer orden que depende de una constante arbitraria C.

En $t = 0;\ m(0) = m_0 \rightarrow C = m_0 \Rightarrow m(t) = m_0 e^{-Kt}$

Ejemplo:

$x''(t) = -g;\ siendo - g\ una\ constante$

Es una ecuación lineal de segundo orden, por tanto, dependerá de dos constantes arbitrarias.

$$x(t) = -g\frac{1}{2}t^2 + C_1 t + C_2$$

Para calcular el valor de las dos constantes C_1 y C_2 necesitamos unas condiciones iniciales. En nuestro caso, las condiciones iniciales son:

$$\left.\begin{array}{l} t = 0 \\ x(0) = 0 \\ \dot{x}(0) = v_0 \end{array}\right\} \Rightarrow \begin{array}{l} C_1 = v_0 \\ C_2 = x_0 \end{array}$$

Entonces:

$$x(t) = -\frac{1}{2}gt^2 + v_0 t + x_0$$

Solución general de una ecuación diferencial ordinaria de orden n

Es una familia de soluciones definidas por: $y = \phi(x, C_1, C_2, \cdots\cdots, C_n)$ con **n parámetros independientes** tal que verifica la EDO para cualquier valor de los parámetros.

$$x(t) = -g\frac{1}{2}t^2 + C_1 t + C_2 + C_3$$

C_1 y C_2 son parámetros independientes y C_3 es un parámetro dependiente.

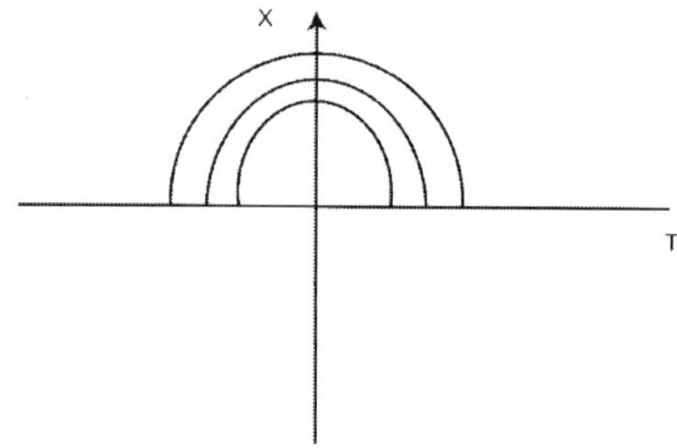

Solución particular de una EDO:

Se obtiene a partir de la solución general para unos **valores particulares** de las constantes $\{C_1, C_2, \cdots\cdots, C_n\}$

Los valores particulares se encuentran mediante condiciones iniciales.

$$\{C_1, C_2, \cdots\cdots, C_n\} \longrightarrow \begin{cases} en\ x = x_0 \\ y(x_0) = y_0 \\ y'(x_0) = y'_0 \\ :::::::::::::::: \\ :::::::::::::::: \\ y^{n-1}(x_0) = y_0^{(n-1)} \end{cases}$$

Soluciones singulares de una ecuación diferencial ordinaria

Son soluciones que no están incluidas en la solución general.

Soluciones explícitas: Verifican $y = f(x)$, siendo f una función explícita.

Soluciones implícitas: La solución es una ecuación implícita de una curva.

$\phi(x,y) = 0$, *siendo* $\phi(x,y)$ *una función implícita.*

Ejemplo:

$$\begin{cases} x^2 + y^2 - 4 = 0 \\ (x_0 = 2;\ y_0 = 2) \end{cases} \Rightarrow x^2 + y^2 - 8 = 0 \Rightarrow \begin{cases} y = \sqrt{8 - x^2} \\ y = -\sqrt{8 - x^2} \end{cases}$$

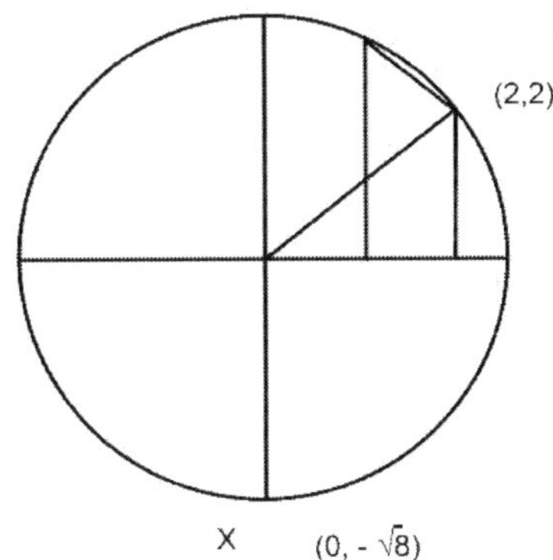

Curva integral general

Es una familia de curvas $\phi(x, y, C_1, C_2, \cdots\cdots, C_n) = 0$ dependiente de "n" parámetros independientes tal que verifica la ecuación diferencial ordinaria para cualquier valor de las **constantes.**

Curva integral particular: se obtiene fijando valores particulares para las constantes.

1.3. MÉTODOS DE INTEGRACIÓN DE ECUACIONES DIFERENCIALES ORDINARIAS DE PRIMER ORDEN

Si una EDO de primer orden F(x,y,y') = 0 se puede expresar como y' = f(x,y) se llama forma normal de la ecuación.

a) Interpretación geométrica

Dado $(x,y) \rightarrow f(x,y) = f'(y) \equiv la\ \boldsymbol{pendiente\ de\ la\ función\ solución}$

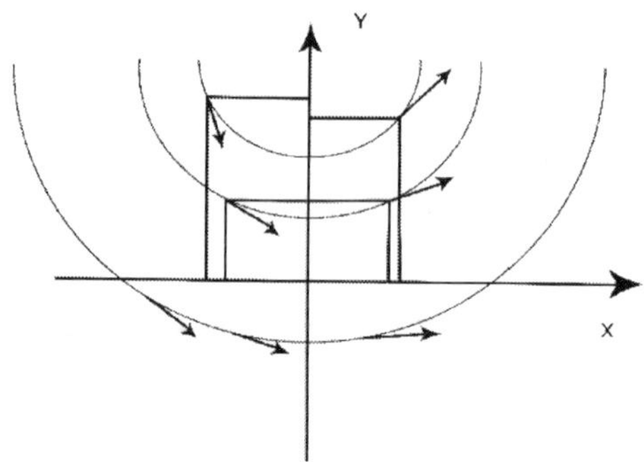

Isócrinas: puntos con la misma pendiente (inclinación).

b) Separación de variables

Si la ecuación diferencial ordinaria tiene la siguiente forma: $y' = \frac{g(x)}{h(y)}$. Se dice que la ecuación diferencial es separable. Para resolverla debemos trabajar empleando el siguiente método:

$$\frac{dy}{dx} = \frac{g(x)}{h(y)};\ despejando\text{: } h(y)dy = g(x)dx$$

Integrando:

$$\int^{y} h(y)dy = \int^{x} g(x)dx \rightarrow \emptyset(y) + C_1 = \Psi(x) + C_2$$

Como C_1 y C_2 son dependientes, tenemos como solución particular a nuestra EDO:

$$\boxed{\emptyset(y) - \Psi(x) + C_1 = 0} \Rightarrow \boldsymbol{Integral\ general}$$

$$\frac{d}{dx}\left[\int^{y} h(y)dy = \int^{x} g(x)dx\right] \Rightarrow \frac{d}{dy}\left(\int^{y} h(y)dy\right) \cdot \frac{dy}{dx} = \frac{d}{dx}\int^{x} g(x)dx$$

$$h(y)\frac{dy}{dx} = g(x) \Rightarrow \boxed{\frac{dy}{dx} = \frac{g(x)}{h(y)}}$$

1- $y' = \frac{y}{x}$ con $x \neq 0$

Es una ecuación diferencial separable.

$$\frac{dy}{dx} = \frac{y}{x} \Rightarrow \frac{dy}{y} = \frac{dx}{x} \Rightarrow \int^{y} \frac{dy}{y} = \int^{x} \frac{dx}{x}$$

Resolviendo estas integrales:

$$ln|y| = ln|x| + C$$

Si llamamos $C = ln|K|$, tenemos como solución: $\boxed{|y| = K|x|}$; $K > 0$

Vamos a analizar esas soluciones para cada valor de las variables x e y.

a) $\begin{cases} x > 0 \\ y > 0 \\ x < 0 \\ y < 0 \end{cases}$ $\quad y = Kx \;\; \forall\, x \in \mathbb{R}$

b) $\begin{cases} x > 0 \\ y < 0 \\ x < 0 \\ y > 0 \end{cases}$ $\quad y = -Kx \;\; \forall\, x \in \mathbb{R}$

De momento tenemos como solución $y = Kx\,; para\, K > 0\, y\, K < 0$. Vamos a comprobar si esa solución es válida para $K = 0$, para ello, sustituimos el valor de $K = 0$ y comprobamos si satisface la ecuación. De este modo, tenemos: $y = 0 \rightarrow y' = 0$. Como cumple la ecuación, $y = Kx\,; para\, K = 0$ también es solución de la ecuación diferencial.

Por tanto, la solución de nuestra ecuación diferencial es:

$$\boxed{y = Kx} \; \forall\, x \in \mathbb{R}$$

c) Ecuaciones homogéneas

En este caso tenemos: $y' = f(x, y)$, siendo $f(x, y)$ una función homogénea

de grado n tanto en la variable x como en la variable y. $f(\lambda x, \lambda y) = \lambda^n f(x, y)$

Un ejemplo de funciones homogéneas son los polinomios de grado n en (x,y).

Ejemplo:

$$f(x, y) = x^2 - 3xy + 4y^2 \; (función\ homogénea\ de\ grado\ 2)$$

$$f(\lambda x, \lambda y) = \lambda^2 x^2 - \lambda^2 3xy + \lambda^2 4y^2 = \lambda^2 \cdot (x^2 - 3xy + 4y^2)$$

$$\left.\begin{array}{ll} \dfrac{x^2-3xy}{x-y} & \begin{array}{l} grado\ 2 \\ grado\ 1 \end{array} \end{array}\right\} grado\ 1$$

Si $f(x,y)$ es una función homogénea de grado cero entonces: $\boxed{f(\lambda x, \lambda y) = f(x,y)}$.

Normalmente, este tipo de funciones suelen ser un cociente de polinomios del mismo grado.

En este caso: $f(x,y) = f\left(x, \frac{xy}{x}\right) = f\left(1, \frac{y}{x}\right)$

$y' = f(x,y);\ y' = f\left(1, \frac{y}{x}\right)$, es una ecuación homogénea de grado cero. Al final, lo que tenemos es una ecuación para y(x).

$$v(x) = \frac{y(x)}{x} \rightarrow y = xv \Rightarrow \boxed{y' = v + xv'}$$

$$(v + v'x) = f(1,v) \rightarrow xv' = f(1,v) - v \Rightarrow \boxed{v' = \frac{f(1,v) - v}{x}}$$

2- $y' = \frac{y+x}{y-x};\quad (y \neq x)$

$y' = \frac{\frac{y}{x}+1}{\frac{y}{x}-1};\quad (x \neq 0)$. Hacemos el cambio de variable: $v = \frac{y}{x} \Rightarrow y = x \cdot v \Rightarrow$ $y' = x \cdot v' + v$

$$x \cdot v' + v = \frac{v+1}{v-1}; x \cdot v' = \frac{v+1}{v-1} - v \Rightarrow \frac{v+1+v^2+v}{v-1} = \frac{1-v^2+2v}{v-1}$$

Luego: $x \cdot v' = \frac{1-v^2+2v}{v-1} \Rightarrow x\frac{dv}{dx} = \frac{1-v^2+2v}{v-1};\ \frac{v-1}{1+2v-v^2} = \frac{dx}{x}$

Integrando:

$$\int^v \frac{v-1}{-v^2+2v+1} = \int^x \frac{dx}{x} = -\frac{1}{2}ln|1-v^2+2v| = ln|x| + C =$$

$$ln|1+2v-v^2|^{-1} = ln|x| + lnK = \left|\frac{1}{1+2v-v^2}\right| = K \cdot x^2;\ K > 0$$

Quedando como solución: $\frac{1}{1+2v-v^2} = K \cdot x^2;\quad (K \neq 0)$

Vamos a buscar una integral general

$$K' = \frac{1}{K} = (1 - v^2 + 2v) \cdot x^2; Como\ v = \frac{y}{x}, nos\ queda: K' = \left(1 + \frac{2y}{x} - \frac{y^2}{x^2}\right) \Rightarrow$$

$$\boxed{K' = x^2 + 2xy - y^2} \longrightarrow Integral\ general$$

Derivamos para comprobar que esa relación es cierta.

$$\frac{d}{dx}(x^2 + 2xy - y^2) \Rightarrow 0 = 2x + 2y'x + 2y - 2yy' \Rightarrow 0 = 2x + 2y + y'(2x - 2y) \Rightarrow$$

$$\boxed{y' = \frac{y + x}{y - x}} \Rightarrow Luego\ cumple\ la\ ecuación$$

d) $y' = f(x, y)$. *Cuando* $f(x, y) = f(ax + by)$. *En este caso, se utiliza el cambio:* $v = ax + by$

3- $y' = \frac{1+x-y}{x-y}$

Hacemos el cambio $v = x - y \Rightarrow v' = 1 - y' \Rightarrow y' = 1 - v'$
Sustituyendo en la ecuación inicial queda:

$$(1 - v') = \frac{1 - v}{v} \Rightarrow -v' = \frac{1 + v}{v} - 1 = \frac{1 + v - v}{v} \Rightarrow -v' = \frac{1}{v} \Rightarrow \frac{-dv}{dx} = \frac{1}{v} \Rightarrow -vdv = dx$$

Integrando: $\frac{-v^2}{2} = x + C \Rightarrow \boxed{\frac{-(x-y)^2}{2} - x = C}$

d') $y' = f\left(\frac{ax+by+c}{a'x+b'y+c'}\right); \left(\frac{a}{a'} \neq \frac{b}{b'}\right); si\ \frac{a}{a'} = \frac{b}{b'} = \frac{1}{\alpha}$

En este caso se forma el sistema de ecuaciones que conforma la función y se resuelve.

$$\left.\begin{aligned} ax + by + c &= 0 \\ a'x + b'y + c' &= 0 \end{aligned}\right\} Solución\ (x_0, y_0)$$

Hacemos el cambio de variable:

$$\left.\begin{aligned} X &= x - x_0 \\ Y &= y - y_0 \end{aligned}\right\} \Rightarrow \begin{aligned} ax + by + c &= aX + bY \\ a'x + b'y + c' &= a'X + b'Y \end{aligned}$$

De este modo: $\boxed{Y' = y} \Rightarrow Y' = f\left(\frac{aX+bY}{a'X+b'Y}\right)$ que es una función homogénea de grado cero.

4- $y' = \frac{x+2y-4}{2x+y-5}$

$$\left.\begin{array}{l} x+2y-4=0 \\ 2x+y-5=0 \end{array}\right\} \Rightarrow \boxed{\begin{array}{l} x_0 = 1 \\ y_0 = 2 \end{array}}$$

Si hacemos el cambio de variable. $\left.\begin{array}{l} X = x-2 \\ Y = y-1 \end{array}\right\}$ Nos queda la ecuación diferencial:

$$\boxed{Y' = \frac{X+2Y}{2X+Y}}$$

Ecuación que debemos resolver como si fuera una ecuación diferencial homogénea de grado cero.

$$Y' = \frac{1+2\frac{Y}{X}}{2+\frac{Y}{X}}$$

Hacemos el cambio de variable: $v = \frac{Y}{X} \Rightarrow vx = y \Rightarrow \boxed{y' = v + xv'}$

$$v + xv = \frac{1+2v}{2+v} \Rightarrow xv' = \frac{1+2v}{2+v} - v \Rightarrow \frac{1+2v-2v-v^2}{2+v} = xv'$$

$$\Rightarrow xv' = \frac{1-v^2}{2+v} = \frac{xdv}{dx} \Rightarrow$$

$$\frac{2+v}{-v^2+1}dv = \frac{1}{x}dx$$

Integrando: $\int \frac{2+v}{-v^2+1}dv = \int \frac{1}{x}dx$

Para resolver la primera integral tenemos que descomponer en fracciones simples.

$$\frac{2+v}{1-v^2} = \frac{A}{1+v} + \frac{B}{1-v} \Rightarrow \left.\begin{array}{r} A+B=2 \\ -A+B=1 \end{array}\right\} \Rightarrow \begin{array}{l} B = {}^3/_2 \\ A = {}^1/_2 \end{array}$$

Luego:

$$\int \frac{{}^1/_2}{1+v}dv + \int \frac{{}^3/_2}{1-v}dv = \int \frac{1}{x}dx = \frac{1}{2}ln|1+v| - \frac{3}{2}ln|1-v| = ln|x| + C$$

$$ln(1+v) - 3\,ln(1-v) = 2\,ln\,x + C \Rightarrow \frac{1+v}{(1-v)^3} = Kx^2$$

Vamos a buscar una integral general de esta ecuación.

$$(1+v) = K \cdot (1-v)^3 \cdot x^2; Como\ v = \frac{Y}{X} \Rightarrow \left(1+\frac{Y}{X}\right) = K \cdot \left(1-\frac{Y}{X}\right)^3 \cdot X^2 \Rightarrow$$

$$X + Y = K \cdot (X - Y)^3$$

Como: $\left.\begin{matrix} X = x - 2 \\ Y = y - 1 \end{matrix}\right\} \Rightarrow \boxed{x + y - 3 = K \cdot (x - y + 1)} \longrightarrow Integral\ general$

e) Ecuaciones lineales en (y',y)

$$\boxed{y' = P(x) + Q(x)}$$

Hay que realizar 2 pasos:

1) Se considera la **ecuación homogénea** y se resuelve.

$$y' = P(x) \cdot y;\ \frac{dy}{dx} = P(x) \cdot y;\ \frac{1}{y} dy = P(x)dx$$

$$\Rightarrow \int \frac{1}{y} dy = \int P(x)dx$$

Integrando:

$$\ln y = \int P(x)dx + \ln K \Rightarrow y = K \cdot e^{\int P(x)dx}$$

2) Se usa el método llamado **variación de las constantes** que propone la solución de la forma:

$$\boxed{y = K(x) \cdot e^{\int P(x)dx}} = P(x)\left[K(x) \cdot e^{\int P(x)dx}\right] + Q(x)$$

Derivando:

$$\left[K(x) \cdot e^{\int P(x)dx}\right]' + K(x) \cdot P(x) \cdot e^{\int P(x)dx}$$
$$= P(x) \cdot K(x) \cdot e^{\int P(x)dx} + Q(x)$$

$$K'^{(x)} \cdot e^{\int P(x)dx} = Q(x) \Rightarrow K'(x) = Q(x) \cdot e^{-\int P(x)dx} \Rightarrow$$

$$\boxed{K(x) = \int Q(x) \cdot e^{-\int P(x)dx} + C}$$

5- $y' = \frac{-2}{x} y + 8x$

1. Resolvemos la ecuación homogénea $y' = \frac{-2}{x} y$

$$\frac{dy}{dx} = \frac{-2}{x} y \Rightarrow \frac{1}{y} dy = \frac{-2}{x} dx$$

$$\Rightarrow \int \frac{1}{y} dy = \int \frac{-2}{x} dx \Rightarrow ln\, y = -2\, ln\, x + ln\, K$$

$$\boxed{y = K \cdot x^{-2}}$$

2. Ecuación inhomogénea

$$y = \frac{K(x)}{x^2} \Rightarrow \left[\frac{K(\alpha)}{x^2}\right]' = \frac{-2}{x}\left[\frac{K(x)}{x^2}\right] + 8x \Rightarrow \frac{K'(x)}{x^2} + \frac{2K(x)}{x^3}$$
$$= \frac{-2K(x)}{x^3} + 8x \Rightarrow$$
$$\frac{K'(x)}{x^2} = 8x \Rightarrow K'(x) = 8x^3 \Rightarrow K(x) = \boxed{2x^4 + C}$$

De esta forma tenemos como solución general:

$$\boxed{y = \frac{2x^4 + C}{x^2}}$$

f) Ecuaciones de Bernoulli (no lineales)

$$y' = P(x)y + Q(x)y^{\alpha}; con\ \alpha \in \mathbb{R}\ (\alpha \neq 1, \alpha \neq 0)$$

Para resolverlas debemos operar de la siguiente manera:

$$\frac{y'}{y^{\alpha}} = P(x) \cdot \frac{1}{y^{\alpha-1}} + Q(x)$$

A continuación, hacemos el siguiente cambio de variable:

$$\frac{1}{y^{\alpha-1}} = v \Rightarrow y^{1-\alpha} = v \Rightarrow v' = (1-\alpha)y^{-\alpha}y' = v' \Rightarrow \frac{y'}{y^{\alpha}} = \frac{1}{1-\alpha}v'$$
$$\frac{1}{1-\alpha}v' = P(x)v + Q(x)$$

De esta manera hemos convertido la ecuación de Bernoulli en una ecuación lineal.

6- Resolver $y' + \frac{y}{x} = x^2y^4$

$$y^{-4}y' + \frac{y^{-3}}{x} = x^2$$

Vamos a convertirla en una ecuación lineal, para lo cual, hacemos el siguiente cambio de variable:

$$y^{-3} = u \Rightarrow -3y^{-4}y' = u' \Rightarrow y^{-4}y' = \frac{-u'}{3}$$

$$\frac{u'}{3} + \frac{u}{x} = x^2 \Rightarrow u' - \frac{3}{x}u = -3x^2 \rightarrow lineal$$

Ahora, debemos buscar un factor integrante para la ecuación diferencial lineal.

$$fi. e^{-\int 3x^2 dx} = e^{-3\ln|x|} = \frac{1}{|x|^3}$$
$$fi. = \frac{1}{x^3} \Rightarrow \frac{d}{dx}\left(u\frac{1}{x^3}\right) = -\frac{3}{x}$$

Sustituyendo en la ecuación:

$$u\frac{1}{x^3} = -3\,ln|x| + C \Rightarrow u = -3x^3\,ln|x| + Cx^3 \Rightarrow \boxed{y^{-3} = -3x^3\,ln|x| + Cx^3}$$

g) Ecuaciones de Riccati:

Son de la forma: $y' = P(x) + Q(x)y^2 + R(x)$. *Para eliminar* $R(x)$ *se necesita una solución particular* $y_p(x)$.

$$y'_p(x) = P(x)y_p + Q(x)y_p^2 + R(x) \Rightarrow y(x) = v(x) + y_p(x)$$

$$[v + y_p]' = P(x)[v + y_p] + Q(x)[v + y_p]^2 + R(x) \Rightarrow$$

$$v' + y'_p = P(x)v + P(x)y_p + Q(x)v^2 + Q(x)2y_pv + Q(x){y_p}^2 + R(x)$$

$$\boxed{v' = P(x) + 2y_pQ(x)v + Q(x)v^2} \rightarrow Ecuación\ de\ Bernouilli$$

7- $y' = y^2 - \frac{2}{x^2}$

Elegimos una solución particular del tipo: $y_p = \frac{\alpha}{x}$ porque si lo derivo me queda algo partido por x^2, o si lo elevo al cuadrado me queda algo partido por x^2.

$$\left(\frac{\alpha}{x}\right)' = \left(\frac{\alpha}{x}\right)^2 - \frac{2}{x^2} \Rightarrow \frac{-\alpha}{x^2} = \frac{\alpha^2}{x^2} - \frac{2}{x^2} \Rightarrow -\alpha = \alpha^2 - 2 \Rightarrow \alpha^2 + \alpha - 2 = 0$$
$$\Rightarrow \begin{cases} \alpha = 1 \\ \alpha = -2 \end{cases}$$

De esas dos soluciones elegimos la más sencilla $y_p = \frac{1}{x}$

De esta forma tenemos la siguiente ecuación: $y = v + \frac{1}{x}$

$$\left[v + \frac{1}{x}\right]' = \left[v + \frac{1}{x}\right]^2 - \frac{2}{x^2} \Rightarrow \boxed{v' = \frac{2}{x}v + v^2} \rightarrow Ecuación\ de\ Bernouilli$$

$$\frac{v'}{v^2} = \frac{2}{x}\frac{1}{v} + \frac{1}{w}$$

Haciendo el cambio de variable $w = \frac{1}{v} \Rightarrow w' = \frac{1}{v^2}v'$ tenemos una ecuación diferencial homogénea.

$$\boxed{w' = \frac{2}{x}w + 1}$$

1) Ecuación homogénea

$$w' = -\frac{2}{x}w \Rightarrow \frac{dw}{w} = -\frac{2}{x}dx \Rightarrow ln\, w = -2\, ln\, x + ln\, K \Rightarrow \boxed{w = \frac{K}{x^2}}$$

2) Ecuación no homogénea

$$\left[\frac{K(x)}{x^2}\right]^{-1} = \frac{2}{x}\left[\frac{K(x)}{x^2}\right] + 1 \Rightarrow K' = -x^2 \Rightarrow \boxed{K = \frac{-x^3}{3} + C}$$

Ahora sólo tenemos que deshacer los cambios.

$$w = \frac{\left(\frac{-x^3}{3} + C\right)}{x^2} \rightarrow v = \frac{x^2}{\frac{-x^3}{3} + C} \rightarrow \boxed{y = \frac{3x^2}{c - x^3} + \frac{1}{x}}$$

1.4. Ecuaciones diferenciales exactas

Son ecuaciones del tipo: $M(x, y)dx + N(x, y)dy = 0$, es decir, son ecuaciones diferenciales simétricas en x y en y.

$$y(x) \longrightarrow M(x, y) + N(x, y)\frac{dy}{dx} = 0$$

$$x(y) \longrightarrow M(x, y)\frac{dx}{dy} + N(x, y) = 0$$

1.4.1. Interpretación geométrica de la ecuación:

$$F(x, y) = \big(M(x, y), N(x, y)\big)$$

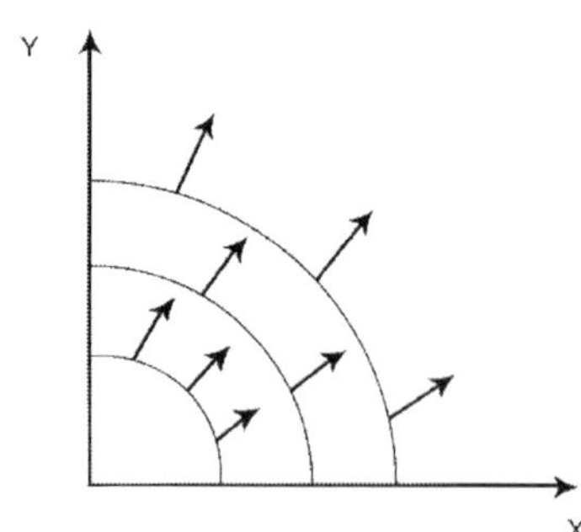

$$\mathrm{d}\bar{r} = (dx, dy) = \bar{F} \cdot \mathrm{d}\bar{r} = Mdx + Ndy = 0 \Rightarrow \bar{F} \cdot \mathrm{d}\bar{r} = 0$$

$\bar{F}$ es el campo de direcciones y $d\bar{r}$ es elemento de longitud de una curva solución.

1.4.2. Algunas soluciones

$$z = f(x,y)$$

Curvas de nivel:

$$z = z_0 \longrightarrow z_0 = f(x,y)$$
$$z = z_1 \longrightarrow z_1 = f(x,y)$$

Ecuaciones diferenciales de las curvas de nivel

$$\boxed{z_0 = f(x,y)}$$
$$0 = dz_0 = df(x,y) = \frac{\partial f}{\partial x}dx + \frac{\partial f}{\partial y}dy \Rightarrow$$
$$\boxed{\frac{\partial f}{\partial x}dx + \frac{\partial f}{\partial y}dy = 0} \Leftrightarrow \boxed{Mdx + Ndy = 0}$$

Propiedad: si en la ecuación diferencial exacta $M(x,y)dx + N(x,y)dy = 0$, se verifica que:

$$M = \frac{\partial f}{\partial x}; \; N = \frac{\partial f}{\partial y}$$

para una cierta función f, entonces una solución general viene dada por:

$$\boxed{f(x,y) = C}$$

Siendo C una constante arbitraria.

Dada $Mdx + Ndy$

1. Cómo saber si es exacta.
2. Cómo hallar $f(x,y)$.

Para saber si es exacta: Si $M(x,y)$ y $N(x,y) \in C^1(0)\ en\ D$, siendo D un dominio simple y conexo. La expresión de arriba nos dice que $M(x,y)$ y $N(x,y)$ deben tener derivadas parciales continuas en un dominio simple y conexo D. Entonces existe f tal que $M = \partial_x f \quad N = \partial_y f$ si y solo si: $\boxed{\partial_y M = \partial_x N}$

NOTA: f es una función potencial.

Aplicaciones en Física de las ecuaciones diferenciales exactas.

$$\bar{F} = (M,N) = \left(\partial_x f, \partial_y f\right)$$

¿Cuándo podemos asegurar que $\bar{F} = \bar{\nabla} f$?

$$\partial_x N - \partial_y M = 0$$

Esa ecuación es prácticamente el rotacional en dos dimensiones:

$$\begin{vmatrix} \partial_x & \partial_y \\ M & N \end{vmatrix} = 0$$

Luego, si $\bar{\nabla} \wedge \bar{F} = 0 \Rightarrow \bar{F} = \bar{\nabla} f$

1. ¿Cuándo es exacta?
   Teorema: $\frac{\partial M}{\partial y} = \frac{\partial N}{\partial x}$ es exacta
2. ¿Cómo hallar la función potencial ϕ?

$$\left.\begin{matrix} \frac{\partial \phi}{\partial x} \\ \frac{\partial \phi}{\partial y} \end{matrix}\right\} \begin{matrix} \rightarrow Se\ integra\ en\ x\text{:} \int^x \frac{\partial \phi(x,y)}{\partial x} = \int^x M(x,y)dx \longrightarrow \phi(x,y) = \int^x M(x,y)dx + C(y) \\ \frac{\alpha}{\partial_y}\left[\int^x Mdx + C(y)\right] = N(x,y) = \frac{\alpha}{\partial_y}\left[\int^x Mdx\right] + C'(y) = N(x,y) \rightarrow C'(y) = N(x,) - \frac{\alpha}{\partial_y}\left[\int^x Mdx\right] \end{matrix}$$

8- Resolver $(3x^2 + 2xy)dx + (x^2 + y)dy = 0$

$3x^2 + 2xy = M$
$x^2 + y = N$

1) ¿Es exacta?

$M_y = N_x$ donde $M_y = \frac{\partial M}{\partial y}$; $N_x = \frac{\partial N}{\partial x}$

$$\left.\begin{matrix} M_y = 2x \\ N_x = 2x \end{matrix}\right\} \rightarrow M_y = N_x; luego\ es\ una\ ecuación\ diferencial\ exacta$$

2)

$$\left.\begin{matrix} \frac{\partial \phi}{\partial x} = 3x^2 + 2xy \\ \frac{\partial \phi}{\partial y} = x^2 + y \end{matrix}\right\} \rightarrow \phi(x,y) = x^2 y + \frac{y^2}{2} + C(x)$$

Hemos integrado respecto a y en la segunda ecuación y, ahora, sustituimos en la primera para hallar C(x). Para hallar esta constante, hacemos la derivada parcial respecto a x de $\phi(x,y)$, igualamos, y después integramos en x.

$$\frac{\partial \phi(x,y)}{\partial x} = 2xy + C'(x) = 3x^2 + 2xy \Rightarrow C(x) = 3x^2$$

$$\int^{x} \frac{\partial \phi(x,y)}{\partial x} dx = \int^{x} 3x^2 dx = x^3 + K \Rightarrow C(x) = x^3 + K$$

$$\boxed{\phi(x,y) = x^2 y + \frac{y^2}{2} + x^3 + K = 0}$$

9- Resolver $(2x^3 - xy^2 - 2y + 3)dx - (x^2 y + 2x)dy = 0$

$$2x^3 - xy^2 - 2y + 3 = M$$
$$-x^2 y - 2x = N$$

1) ¿Es exacta?

$M_y = N_x$ donde $M_y = \frac{\partial M}{\partial y}$; $N_x = \frac{\partial N}{\partial x}$

$$\left.\begin{matrix} M_y = -2xy - 2 \\ N_x = 2xy - 2 \end{matrix}\right\} \rightarrow M_y = N_x; \textit{luego es una ecuación diferencial exacta}$$

$$\left.\begin{matrix} \frac{\partial \phi}{\partial x} = 2x^3 - xy^2 - 2y + 3 \\ \frac{\partial \phi}{\partial y} = -x^2 y - 2x \end{matrix}\right\} \rightarrow \phi(x,y) = \frac{x^4}{2} - y^2 \frac{x^2}{2} - 2xy + 3x + C(y)$$

$$\frac{\partial \phi(x,y)}{\partial x} = -2y\frac{x^2}{2} - 2x + C'(y) = -x^2 y - 2x \Rightarrow C'(y) = 0 \Rightarrow C(y) = K$$

$$\boxed{\phi(x,y) = \frac{x^4}{2} - y^2 \frac{x^2}{2} - 2xy + 3x + C = 0}$$

Dada $M(x,y)dx + N(x,y)dy = 0$, $M_y \neq N_x$. Buscamos $\mu(x,y)$ tal que:

$\boxed{\mu M(x,y)dx + \mu N(x,y)dy = 0}$ sí que sea exacta.

A $\mu(x,y)$ se le conoce como **factor integrante.**

NOTAS:

1. A veces al multiplicar añadimos una solución nueva: $xMdx + xNdy = 0 \Rightarrow \boxed{x = 0} \rightarrow \textit{Solución extra}$
2. Existe un **teorema** que dice que **siempre hay al menos un factor integrante para ciertas condiciones de M y N**, el problema es hallarlo.

$$\widetilde{M}_y = \widetilde{N}_x;\ \frac{\partial}{\partial y}(\mu M) = \frac{\partial}{\partial x}(\mu N) \Rightarrow \mu_y M + \mu M_y = \mu_x N + \mu N_x$$

$$\boxed{\mu_y M - \mu_x N = \mu(N_x - M_y)}$$

Casos especiales

1. El factor integrante μ sólo depende de x

$$-\mu_x N = \mu(N_x - M_y) \Rightarrow \frac{-\mu_x}{\mu} = \frac{N_x - M_y}{N}$$

$$\Rightarrow \boxed{\frac{\mu_x}{\mu} = \frac{M_y - N_x}{N} = g(x)}$$

2. El factor integrante μ sólo depende de y

$$\boxed{\frac{\mu_y}{\mu} = \frac{N_x - M_y}{M} = h(y)}$$

Pasos a seguir para resolver este tipo de ecuaciones.

1. Debemos comprobar que $M_y - N_x \neq 0$
2. Comprobar si el factor integrante μ depende sólo de x
   $\boxed{\frac{\mu_x}{\mu} = \frac{M_y - N_x}{N} = g(x)}$
3. Comprobar si el factor integrante μ depende sólo de y
   $\boxed{\frac{\mu_y}{\mu} = \frac{N_x - M_y}{M} = h(y)}$
4. Y ya una vez calculado el factor integrante, multiplicamos a la ecuación por el factor integrante.

10- Resolver $(1 + xy)dx + x\left(\frac{1}{y} + x\right)dy = 0$

$$\left.\begin{aligned} M &= 1 + xy \\ N &= x\left(\frac{1}{y} + x\right) = \frac{x}{y} + x^2 \end{aligned}\right\}$$

$$\left.\begin{aligned} M_y &= x \\ N_x &= \frac{1}{y} + 2x \end{aligned}\right\} \rightarrow M_y \neq N_x;\ luego\ la\ ecuación\ diferencial\ no\ es\ exacta$$

Sea el factor integrante: $\mu = f(x) - g(y)$

$$\frac{\partial M}{\partial y} - \frac{\partial N}{\partial x} = \frac{Nf'(x)}{f(x)} - \frac{Mg'(y)}{g(y)} \Rightarrow$$

$$x-\frac{1}{y}+2x=x\left(\frac{1}{y}+x\right)\frac{f'(x)}{f(x)}-(1+xy)\frac{g'(y)}{g(y)}\Rightarrow\frac{-1}{y}=\frac{x}{y}\cdot\frac{f'(x)}{f(x)}-\frac{g'(y)}{g(y)}$$

$$\frac{f'(x)}{f(x)}=\frac{1}{x}\to\ln f(x)=\ln x\to f(x)=x$$

$$\frac{g'(y)}{g(y)}=\frac{2}{y}\to\ln g(y)=2\ln y\to f(x)=y^2$$

Luego, el factor integrante es $\mu=xy^2$

Multiplicando a la ecuación diferencial por $\mu=xy^2$:

$$xy^2(1+xy)dx+x^2y^2\left(\frac{1}{y}+x\right)dy=0$$

$$\Rightarrow(xy^2+x^2y^3)dx+(x^2y+x^3y^2)dy=0$$

$$\left.\begin{matrix}M=xy^2+x^2y^3\\N=x^2y+x^3y^2\end{matrix}\right\}\Rightarrow\left.\begin{matrix}M_y=2xy+3x^2y^2\\N_x=2xy+\ 3x^2y^2\end{matrix}\right\}$$

$$M_y=N_x;\ luego\ es\ una\ ecuación\ diferencial\ exacta$$

$$\frac{\partial\phi(x,y)}{\partial x}=xy^2+x^2y^3$$

Integrando respecto a x:

$$\phi(x,y)=\int^x xy^2dx+\int^x x^2y^3dx+g(y)=\frac{1}{2}x^2y^2+\frac{1}{3}x^3y^3+g(y)$$

Derivando respecto a y:

$$\frac{\partial\phi(x,y)}{\partial y}=x^2y+x^3y^2+g'(y)=x^2y+x^3y^2\Rightarrow g'(y)=0\Rightarrow g(y)=C$$

Luego: $\phi(x,y)=\frac{1}{2}x^2y^2+\frac{1}{3}x^3y^3+C\Rightarrow\frac{1}{2}x^2y^2+\frac{1}{3}x^3y^3=K$

$$\boxed{\frac{1}{2}x^2y^2+\frac{1}{3}x^3y^3=K}$$

1.5. Ecuaciones implícitas

Sea $F(x,y,y')=0\ (EDO\ de\ primer\ orden);y'=f(x,y)\ Ecuación\ explícita.$

a) $F(x,y,y')$ es un polinomio en y' que podemos factorizar:

$$F(x,y,y') = \left(y' - f_1(x,y)\right) \cdot \left(y' - f_1(x,y)\right) \cdots\cdots \left(y' - f_n(x,y)\right)$$
$$= 0 \Rightarrow$$
$$y' = f_1(x,y) \to \varphi_1(x,y,c) = 0$$
$$\text{ó} \quad y' = f_2(x,y) \to \varphi_2(x,y,c) = 0$$
$$\cdots\cdots\cdots\cdots$$
$$\cdots\cdots\cdots\cdots$$
$$\cdots\cdots\cdots\cdots$$
$$\text{ó} \quad y' = f_n(x,y) \to \varphi_n(x,y,c) = 0$$

11- Resolver $y'^2 + (x+y)y' + xy = 0$

Factorizando: $(y'-x)(y'-y) = 0 \Rightarrow \begin{cases} y' = x \to y = \frac{1}{2}x^2 + C \\ y' = y \to y = K \cdot e^x \end{cases}$

b) $F(x,y,y')$ es un polinomio en y' que no se puede factorizar, pero:

$$\boxed{y = f(x,y')} \quad \text{ó} \quad \boxed{x = f(y,y')}$$

En estos casos:

$$\{x,y\} \to \{x, p(x) = y'(x)\} \to \frac{d}{dx}\{y = f(x,y')\} \to y'$$
$$= f_x(x,y') + f_{y'}(x,y')y''$$
$$\boxed{P = f_x(x,p) + f_p(x,p) \cdot p'}$$

Ahora, p' sí que se puede despejar y podemos resolver la ecuación.

$$\left.\begin{array}{l} \varphi(x,p,c) = 0 \\ y = f(x,p) \end{array}\right\} Para\ resolverlo, tenemos\ que\ eliminar\ p$$

12- Resolver $yx'^2 - 3yy' + 9x^2 = 0$

$$yx'^2 + 9x^2 = 3yy' \Rightarrow \frac{yx'^2 + 9x^2}{y'} = 3y$$

Haciendo el cambio de variable $y' = p$ nos queda la siguiente ecuación diferencial:

$$xp + \frac{9x^2}{p} = 3y \Rightarrow p + xp' + 9 \cdot \frac{2xp - x^2p'}{p^2} = 3p$$

$$p^3 + xp^2p' + 18xp - 9x^2p' = 3p^3 \Rightarrow (xp^2 - 9x^2)p' = 2p^3 - 18xp \Rightarrow$$

$$p'x(p^2 - 9x) = 2p(p^2 - 9x)$$

a) $\left.\begin{aligned} p^2 - 9x = 0 \\ xp + \frac{9x^2}{p^2} = 3y \end{aligned}\right\} \textit{Una solución}$

$$p^2 = 9x \Rightarrow p = \pm 3\sqrt{x}$$

Sustituyendo, tenemos unas soluciones "especiales" o soluciones singulares de nuestra ecuación.

b) Si $p^2 - 9x \neq 0$

En este caso:

$$p'x = 2p \Rightarrow x\frac{dp}{dx} = 2p \Rightarrow \frac{2x}{dx} = \frac{p}{dp} \Rightarrow 2\frac{dx}{x} = \frac{dp}{p} \Rightarrow \ln p = 2\ln x + C \Rightarrow$$
$$\ln p = 2\ln x + \ln K \Rightarrow$$

$$\boxed{p = Kx^2}$$

Sustituyendo el valor de p en $xp + \frac{9x^2}{p^2} = 3y$ obtenemos la solución general de nuestra ecuación.

$$\boxed{Kx^3 + \frac{9}{K} = 3y}$$

1.6. Ecuaciones de Lagrange

Son ecuaciones diferenciales del tipo: $y = xg(y') + h(y')$

1.7. Ecuaciones de Clairaut

Son ecuaciones diferenciales del tipo: $y = xy' + h(y')$

13- $y = xy'^2 + y'$

$$\{x, p(x) = y'\} \to y = xp^2 + p \Rightarrow p = p^2 + x2pp' + p' \Rightarrow p - p^2 = (2xp + 1)p' \Rightarrow$$

$$\boxed{p(1 - p) = (2xp + 1)p'}$$

$$\frac{dp}{dx} = p' \neq 0;\ \frac{1}{\frac{dx}{dp}} = \frac{1}{x'(p)} \Rightarrow \boxed{\frac{1}{p'}p(1 - p) = (2xp + 1)}$$

De este modo, tenemos una ecuación lineal en x.

a) $p'(x) = 0 \to \begin{cases} p = 0 \\ p - 1 = 0 \end{cases} \Rightarrow \boxed{y = xp^2 + p}$

Tenemos las siguientes soluciones singulares $\boxed{\begin{matrix} y = 0 \\ y = x + 1 \end{matrix}}$

b) $p'(x) \neq 0$

$$p(1-p)x'(p) = 2xp + 1$$

Tenemos una ecuación lineal en x(p) que se resuelve de forma típica.

14- Resolver $(\cos^2 y - x\sec y)y' = \operatorname{sen} y \begin{cases} y(x) \\ x(y) \end{cases}$

$$y = \frac{dy}{dx}; y' \neq 0$$

$$(\cos^2 y - x\sec y) = senyx'(y);\ \ x' = \frac{-1}{cosyseny}x + \frac{\cos^2 y}{seny}$$

1. S.h.

$$x'(y) = \frac{-1}{cosyseny}x \Rightarrow x = Ke^{-\int \frac{-1}{cosyseny}dy}$$

$$-\int \frac{-1}{cosyseny}dy = -\int \frac{\operatorname{sen}^2 y + \cos^2 y}{senycosy}dy = -\int \frac{seny}{cosy}dy - \int \frac{cosy}{seny}dy =$$

$$\ln\cos y - \ln\operatorname{sen} y = \ln\cot y \Rightarrow x = Ke^{\ln\cot y} \Rightarrow \boxed{x = K\cot y}$$

2. $x = K(y)\cot y$

$$K'(y)\cot y + K(y)\cot' y = \frac{-1}{cosyseny}K(y)\cot y + \frac{\cos^2 y}{seny} \Rightarrow K'(y)\cot y = \frac{\cos^2 y}{seny} \Rightarrow$$

$$K'(y) = \cos y \to K(y) = sen\ y + K_0 \Rightarrow$$

$$\boxed{x = (sen\ y + K_0)\cot y}$$

15- Resolver $x^2y' + 2xy = y^3$

Es una **ecuación diferencial de Bernoulli**

$$x^2\frac{y'}{y^3}+2x\frac{1}{y^2}=1\Rightarrow\begin{cases} v=\dfrac{1}{y^2}\\ v'=\dfrac{-2}{y^3}y'\end{cases}$$

$$-\frac{1}{2}x^2v'+2xv=1\Rightarrow v'=\frac{4v}{x}-\frac{2}{x^2}\Rightarrow v'=\frac{4v}{x}-\frac{2}{x^2}$$

1. $v'=\frac{4}{x}v;\ \ v=Ke^{\int\frac{4}{x}dx}=Ke^{\ln x^4}\Rightarrow\boxed{v=Kx^4}$

2. $v=K(x)x^4\Rightarrow K'x^4=-\frac{2}{x^2}\Rightarrow K'=-\frac{2}{x^6}\Rightarrow K=\frac{2}{5x^5}+C\Rightarrow\Big[K=\frac{2}{5}x^{-5}+C\Big]\Rightarrow$

$$v=\left(\frac{2}{5}x^{-5}+C\right)x^4\Rightarrow\boxed{\left[v=\frac{2}{5}x^{-1}+Cx^4\frac{1}{y^2}\right]}$$

16- Resolver $xyy'=(y^2+1)^{\frac{1}{2}}$

$$\frac{yy'}{\sqrt{1+y^2}}=\frac{1}{x}\Rightarrow\int\frac{y}{\sqrt{1+y^2}}dy=\int\frac{1}{x}dx\Rightarrow\sqrt{1+y^2}=\ln x+\ln K\Rightarrow$$

$$\boxed{e^{\sqrt{1+y^2}}=Kx}$$

17- Resolver $xy'=(x^2-y^2)^{\frac{1}{2}}$

$$y'=\frac{(x^2-y^2)^{\frac{1}{2}}+y}{x}$$

Es una **ecuación homogénea.** Para resolverla debemos hacer el cambio de variable:

$$v=\frac{y}{x}\Rightarrow y'=v'x+v\Rightarrow y'=\frac{\left(1-\frac{y^2}{x^2}\right)^{\frac{1}{2}}+\frac{y}{x}}{1}\Rightarrow$$

$$v'x+v=\sqrt{1-v^2}+v\Rightarrow\frac{v'}{\sqrt{1-v^2}}=\frac{1}{x}\Rightarrow\int\frac{dv}{\sqrt{1-v^2}}=\int\frac{dx}{x}\Rightarrow$$

$$arcsen\,v=\ln x+C\Rightarrow arcsen\left(\frac{y}{x}\right)=\ln x+C\Rightarrow arcsen\left(\frac{y}{x}\right)=\ln Kx\Rightarrow$$

$$\frac{y}{x}=sen(\ln Kx)\Rightarrow\boxed{y=xsen(\ln Kx)}$$

18- Resolver $(\cos y - sen\, y + x)y' + 1 = 0$

$$(\cos y - sen\, y + x)dy + dx = 0$$

Es una **ecuación diferencial reducible a exacta.**

$$\left.\begin{matrix} M_y \neq N_x \\ M_y = 0 \\ N_x = 1 \end{matrix}\right\} \text{Hay que buscar un factor integrante } \mu$$

$$\frac{N_x - M_y}{N} = \frac{1}{1} = \frac{\mu_y}{\mu} \Rightarrow y = \ln \mu \Rightarrow \mu = e^y$$

Multiplicando la ecuación diferencial por este factor integrante tenemos:

$$e^y(\cos y - sen\, y + x)dy + e^y dx = 0$$

$$\left.\begin{matrix} M_y \neq N_x \\ M_y = e^y \\ N_x = e^y \end{matrix}\right\} Luego\ ya\ es\ exacta$$

$$\left.\begin{matrix} \dfrac{\partial \phi}{\partial x} = e^y \\ \dfrac{\partial \phi}{\partial y} = e^y \cos y - e^y sen\, y + e^y \cdot x \end{matrix}\right\} \Rightarrow \boxed{\phi = x \cdot e^y + C(y)}$$

Derivando:

$$x \cdot e^y + C'(y) = e^y(\cos y - sen\, y) + x \cdot e^y \Rightarrow C'(y) = e^y(\cos y - sen\, y)$$

$$C(y) = \int e^y(\cos y - sen\, y)dy = e^y \cos y + C \Rightarrow \phi = x \cdot e^y + e^y \cos y + C$$

$$\Rightarrow$$

$$\boxed{x \cdot e^y + e^y \cos y = C}$$

19- Resolver $y' = x^3 + \frac{2}{x}y - \frac{1}{x}y^2$

Es una ecuación tipo Riccati. El término independiente x^3 es el que nos va a dar la solución particular, por tanto, buscamos soluciones del tipo:

$$\boxed{y_p = \alpha x^2} \Rightarrow y_p' = 2\alpha x = x^3 + 2\alpha x - \alpha x^3 \Rightarrow \boxed{y_p = x^2}$$

$$\boxed{y = v + x^2}$$

$$(v + x^2)' = x^3 + \frac{2}{x}(v + x^2) - \frac{1}{x}(v + x^2)^2 \Rightarrow$$

$$v' + 2x = x^3 + \frac{2}{x}v + 2x - \frac{1}{x}(v^2 + 2x^2v + x^4) \Rightarrow$$

$$v' = \frac{2}{x} - \frac{1}{x}v - 2xv \Rightarrow v' = \left(-\frac{2}{x} - 2x\right)v - \frac{1}{x}v^2$$

De esta manera, hemos convertido nuestra ecuación de Riccati en una ecuación de Bernoulli.

$$\frac{v'}{v^2} = \left(\frac{2}{x} - 2x\right)\left(\frac{1}{v}\right) - \frac{1}{x};\quad w = \frac{1}{v};\quad w' = \frac{-v}{v^2}$$

$$w' = \left(\frac{2}{x} - 2x\right)w + \frac{1}{x} \Rightarrow w' = \left(-\frac{2}{x} + 2x\right)w + \frac{1}{x}$$

1. Ecuación homogénea

$$w' = \left(-\frac{2}{x} + 2x\right)w \Rightarrow w = Ke^{\int\left(-\frac{2}{x}+2x\right)dx} \Rightarrow w = Ke^{\ln x^{-2}+x^2} \Rightarrow w = K\frac{e^{x^2}}{x^2}$$

2. $w = K(x)\frac{e^{x^2}}{x^2}$

Derivando:

$$-K'(x)\frac{e^{x^2}}{x^2} = \frac{1}{x} \Rightarrow K'(x) = xe^{-x^2};\ K(x) = \frac{-1}{2}e^{-x^2} + C \Rightarrow$$

$$\boxed{w} = \left(\frac{-1}{2}e^{-x^2} + C\right)e^{x^2} = \boxed{\frac{-1}{2} + Ce^{x^2}}$$

Deshaciendo los cambios hechos:

$$v = \frac{1}{w} = \frac{1}{\frac{-1}{2} + Ce^{x^2}} \Rightarrow \boxed{y = \frac{1}{\frac{-1}{2} + Ce^{x^2}} + x^2}$$

20- $y'seny + senxcosy = senx$

Es una ecuación que se puede resolver por el método de separación de variables:

$$y'seny = senx - senxcosy \Rightarrow senx(1 - cosy) = y'seny$$

$$\frac{y'seny}{1-cosy} = senx \Rightarrow \int \frac{seny}{1-cosy}dy = \int senxdx$$
$$\Rightarrow \ln|1-\cos y| = -\cos x + \ln K \Rightarrow$$

$$\boxed{1-\cos y = Ke^{-\cos x}}$$

1.8. Ecuaciones implícitas en y´

Normalmente, estas ecuaciones no son lineales en y'.

- Ecuación de **Clairaut:** Son ecuaciones diferenciales del tipo: $y = xy' + f(y')$. Para resolverlas debemos hacer el cambio de variable $p = y'$. Tenemos que derivar toda la expresión $\{y = xy' + f(y')\}$, de forma que obtenemos: $\frac{d}{dx}f(y') = f_{y'}(y')y''$. Luego: $y' = y' + xy'' + f_{y'}(y')y'' \Rightarrow p = p + xp' + f_p(p)p'$
  $0 = \left(x + f_p(p)p'\right) \rightarrow$
  $$\begin{cases} p' = 0 \rightarrow \boxed{p = c} + \boxed{y = xp + f_{(p)}} \Rightarrow \boxed{y = xc + f_{(c)}} \\ c\ es\ una\ cte\ arbitraria, que\ genera\ una\ familia\ de\ rectas \\ 0 = x + f'_{(p)} = 0 \Rightarrow \boxed{y = xp + f_{(p)}} \end{cases}$$
  Luego si $\boxed{x + f'_{(p)} = 0} + \boxed{y = xp + f_{(p)}}$ obtenemos como solución singular:
  $$\begin{cases} y = xp + f_{(p)} \\ 0 = x + f'_{(p)} \end{cases}$$

21- Resuélvase la ecuación $y = xy' + \ln y'$

Derivando respecto de x se llega a la condición $y''\left(x + {}^{1}/_{y'}\right) = 0$. De aquí obtenemos **dos posibilidades.**

- Que $y'' = 0$, de donde $y' = C$, y teniendo en cuenta la ecuación de partida $(y = xy' + \ln y')$, se deduce la solución general $y = Cx + \ln C$ que es una familia paramétrica de rectas.
- Que $x + {}^{1}/_{y'} = 0$. Esta ecuación y la ecuación inicial nos proporcionan una solución en forma de ecuaciones paramétricas (siendo el parámetro y'). En este caso, es posible eliminar el parámetro entre las dos ecuaciones, llegando a la siguiente solución: $y = -1 - \ln(-x)$

1.9. Teorema de existencia y unicidad

Dada una **Edo de primer orden** de la forma $y' = f(x, y)$, lo que primero que nos preguntamos es:

a) ¿Tiene solución?
b) Si tiene solución ¿ésta es única para cada punto?

Teorema:

Si en la ecuación diferencial $y' = f(x, y)$ en donde $f(x, y)$ está definida en un dominio abierto y conexo $D \subset \mathbb{R}^2$.

Si

1) $f(x, y)$ es continua en D.
2) $f(x, y)$ cumple la condición de Lipschitz.

Condición de Lipschitz:

$$|f(x_1, y_1) - f(x_2, y_2)| < M|y_1 - y_2|; \quad M \in \mathbb{R}^+ \ (fijo)$$

Entonces, por cada punto (x_0, y_0) pasa **una única solución** definida en un entorno de (x_0, y_0) contenido en el dominio.

Observaciones

Observación 1: La condición de Lipschitz se puede sustituir por una **condición más fuerte**, pero más fácil de comprobar.

Si existe $\partial y(f(x, y))$ y además está acotada en D por M

$$|f(x, y_1) - f(x, y_2)| = |\partial y f(x, \xi)||y_1 - y_2|$$

Esta ecuación nos dice que el segmento que va desde (x, y_1) a (x, y_2) está contenido en D, es decir:

$$|f(x, y_1) - f(x, y_2)| \leq M|y_1 - y_2|; \ M \in \mathbb{R}^+ \ (fijo)$$

Observación 2:

El teorema demuestra que si $f(x, y)$ es **continua,** entonces **existe** al menos una **solución** que pasa por cada punto. Si además $f(x, y)$ **cumple la condición de Lipschitz,** entonces la **solución** es **única.**

Observación 3: ¿Cómo es el entorno en el que está definida la solución?

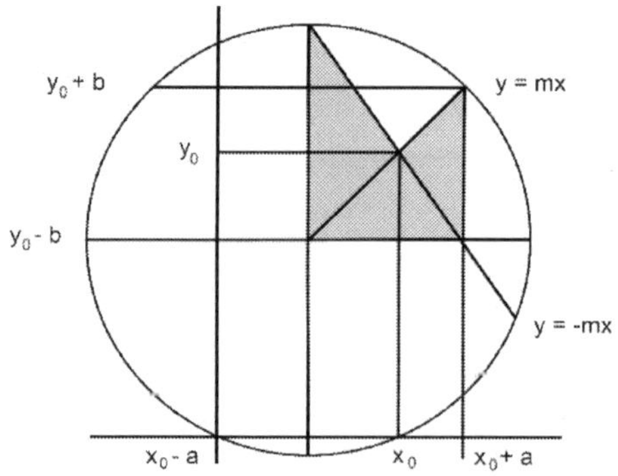

A fin de cuentas:

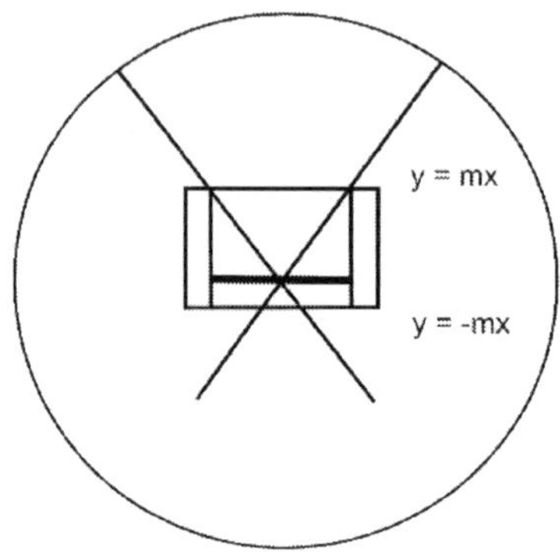

Observación 4:

La solución única en el entorno se puede extender a una solución maximal.

22- Dada la ecuación diferencial $y' = -\frac{x}{y}$ hallar la solución que pase por (0,1)

$$f(x,y) = -\frac{x}{y}; \quad \partial y f(x,y); \quad \begin{matrix} y > \varepsilon_0 \\ x < M_0 \end{matrix}$$

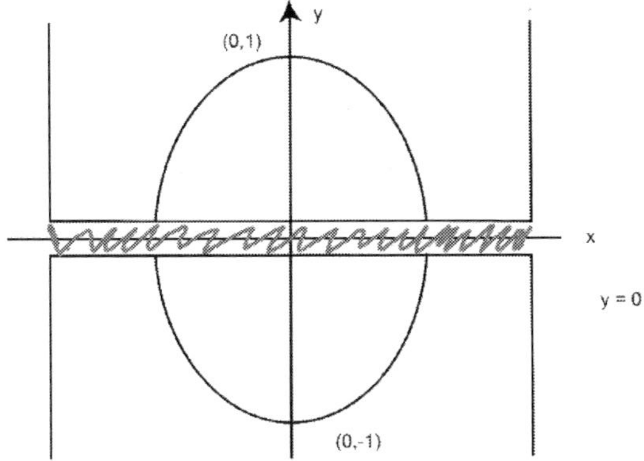

Solución que pase por $(x_0 = 0, y_0 = 1) \Rightarrow y_{(0)} = 1$

$$ydy = -xdy \Rightarrow \frac{y^2}{2} = \frac{-1}{2}x^2 + C \Rightarrow y^2 = -x^2 + C \Longrightarrow y = \pm\sqrt{C - x^2}$$

Como: $x = 0, y = 1 \Rightarrow 1 = \pm\sqrt{C}$;

Luego en (0,1) $\boxed{y = \pm\sqrt{1 - x^2}}$

23- Dada la ecuación diferencial $y' = y^2$ hallar la solución que pasa por $y_{(1)} = 1$

$f(x, y) = y^2$ es continua por ser una función polinómica.

$\partial y f(x, y) = 2y$

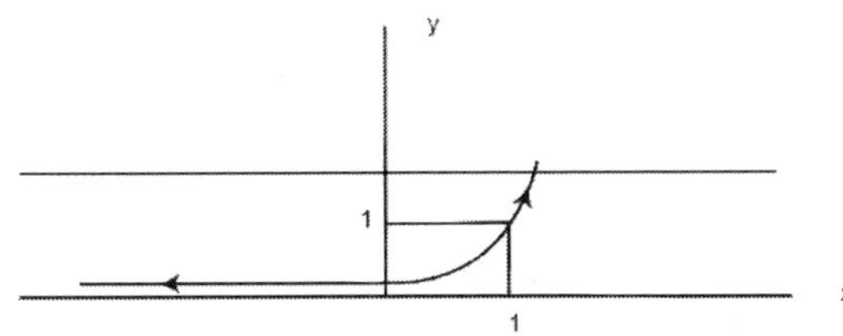

$$\frac{dy}{y^2} = dx \Rightarrow -\frac{1}{y} = x + C \Rightarrow y = \frac{-1}{x + C}$$

Como: $x = 0, y = 1 \Rightarrow 1 = \frac{-1}{1+C} \Rightarrow C = -2$

Por tanto:

$$\boxed{y = \frac{1}{2-x}}$$

Nota: El **teorema de existencia y unicidad** se puede resumir en **dos condiciones** fáciles de comprobar. Sea $y' = f(x,y)$

a) Si $f(x,y)$ es continua en $D \subset \mathbb{R}^2 \Rightarrow$ existen soluciones en las proximidades de cada punto (x_0, y_0).

b) Si $\partial y f(x,y)$ está acotada en D, entonces la solución es única.

Puntos singulares: son puntos en los que, o bien no pasa ninguna solución o bien pasan varias soluciones.

Solución singular: es una solución de la ecuación diferencial tal que por cada uno de sus puntos pase también al menos otra solución.

24- Dada la ecuación diferencial $y' = \frac{2y}{x}$ hallar sus posibles puntos singulares.

$$f(x,y) = \frac{2y}{x} \Rightarrow \frac{dy}{y} = \frac{2dx}{x} \Rightarrow \ln y = 2\ln x + C \Rightarrow \ln y = 2\ln x + \ln K \Rightarrow$$

$$\boxed{y = Kx^2}$$

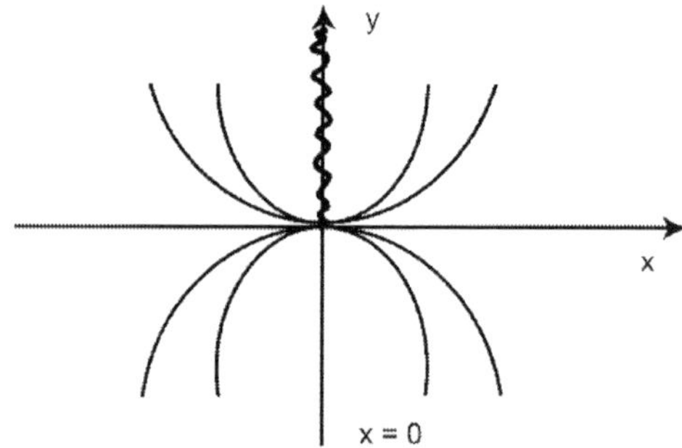

$(0,y); y \neq 0. No\ pasan\ soluciones$
$(0,0)\ pasan\ \infty\ soluciones$

25- Dada la ecuación diferencial $y' = \sqrt[3]{(y-x)^2}$ comprobar si existen puntos singulares y soluciones singulares.

$f(x,y) = \sqrt[3]{(y-x)^2}$ es continua por ser composición de funciones continuas.

$$\partial y f(x,y) = \frac{2}{3}(y-x)^{-\frac{1}{3}} = \frac{2}{3}\frac{1}{\sqrt[3]{(y-x)}} \Rightarrow \boxed{y-x=0}$$

Posibles puntos singulares: $y = x$

Posibles soluciones singulares: $y = x$

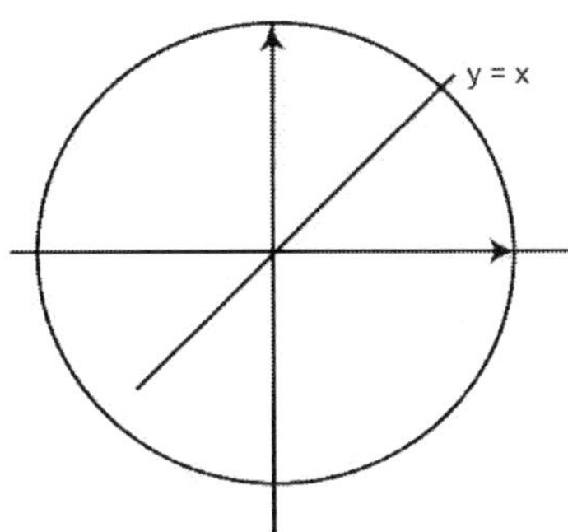

$$y' = \sqrt[3]{(y-x)^2} = (y-x)^{\frac{2}{3}} \begin{cases} y' = f(ax+by) \\ ax+by = v \end{cases}$$

$$v = y - x \Rightarrow v' = y' - 1 \Rightarrow v' - 1 = y' = v^{\frac{2}{3}} \Rightarrow v' = v^{\frac{2}{3}} + 1$$

$$1 = \sqrt[3]{0^2} = 0 \Rightarrow 1 \neq 0$$

Los posibles puntos singulares son $y = x$, que no constituyen ninguna solución.

26- Dada la ecuación $y' = \frac{2y}{x}$ estudiar si existen puntos singulares, hallar su solución general y una solución particular para los puntos $(1,1)$ y $(-1,1)$

$f(x,y) = \frac{2y}{x}$. En $x = 0$ $f(x,y)$ no existe.

Solución general $\frac{dy}{dx} = \frac{2y}{x} \Rightarrow \frac{dy}{y} = \frac{2dx}{x} \Rightarrow \boxed{y = Cx^2}$

Para $(1,1) \Rightarrow y = x^2$

Para $(-1,1) \Rightarrow y = x^2$

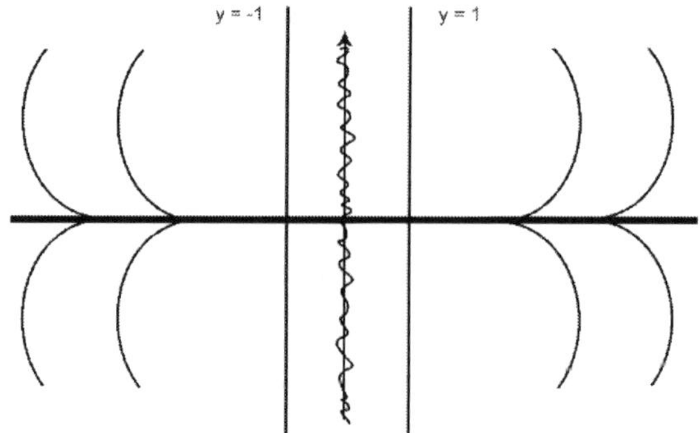
y = -1
y = 1

2. SISTEMAS Y ECUACIONES DIFERENCIALES LINEALES

2.1. Sistemas lineales homogéneos de ecuaciones diferenciales de primer orden.

$$m\ddot{\bar{r}}(t) = \bar{F}(r, \dot{\bar{r}}(t), t), las\ funciones\ incógnitas\ son\ \bar{r}(t) = (x_1(t), x_2(t), x_3(t))$$

$$m\ddot{\bar{r}}(t) = \bar{F}(r, \dot{\bar{r}}(t), t) \Longrightarrow \left\{\begin{array}{l} m\ddot{x}_1(t) = F_1\big((x_1(t), x_2(t), x_3(t))\big) \\ m\ddot{x}_2(t) = F_2\big((x_1(t), x_2(t), x_3(t))\big) \\ m\ddot{x}_3(t) = F_3\big((x_1(t), x_2(t), x_3(t))\big) \end{array}\right\}$$

$x_1(t), \cdots\cdots\cdots, x_n(t)$ son funciones a determinar mediante "n" ecuaciones diferenciales. Un sistema homogéneo de n ecuaciones diferenciales de primer orden tiene la forma:

$$\left.\begin{array}{l} x_1'(t) = a_{11}(t)x_1(t) + a_{12}(t)x_2(t) + \cdots\cdots\cdots + a_{1n}(t)x_n(t) \\ x_2'(t) = a_{21}(t)x_1(t) + a_{22}(t)x_2(t) + \cdots\cdots\cdots + a_{2n}(t)x_n(t) \\ \cdots\cdots\cdots\cdots\cdots\cdots\cdots\cdots\cdots\cdots \\ \cdots\cdots\cdots\cdots\cdots\cdots\cdots\cdots\cdots\cdots \\ \cdots\cdots\cdots\cdots\cdots\cdots\cdots\cdots\cdots\cdots \\ x_n'(t) = a_{n1}(t)x_1(t) + a_{n2}(t)x_2(t) + \cdots\cdots\cdots + a_{nn}(t)x_n(t) \end{array}\right\}$$

Los coeficientes a_{ij} dependen sólo de la variable independiente t.

Notación matricial:

$$\bar{\boldsymbol{X}}(\boldsymbol{t}) = \begin{pmatrix} x_1(t) \\ x_2(t) \\ \cdots\cdots \\ \cdots\cdots \\ x_n(t) \end{pmatrix} \qquad \bar{\boldsymbol{X}}'(\boldsymbol{t}) = \begin{pmatrix} x'_1(t) \\ x'_2(t) \\ \cdots\cdots \\ \cdots\cdots \\ x'_n(t) \end{pmatrix} \qquad \bar{\boldsymbol{A}}(\boldsymbol{t}) = \begin{pmatrix} a_{11}(t) \cdots\cdots a_{1n}(t) \\ a_{21}(t) \cdots\cdots a_{2n}(t) \\ \cdots\cdots\cdots\cdots \\ \cdots\cdots\cdots\cdots \\ a_{n1}(t) \cdots\cdots a_{mn}(t) \end{pmatrix}$$

El sistema lineal homogéneo en notación matricial se expresa como:

$$\boxed{\bar{\boldsymbol{X}}'(\boldsymbol{t}) = \boldsymbol{A}(\boldsymbol{t}) \cdot \bar{\boldsymbol{X}}(\boldsymbol{t})}$$

2.2. Propiedades

Propiedad 1: El conjunto de soluciones de un sistema lineal homogéneo es un espacio vectorial.

Si $\bar{X}(t)$, $\bar{Y}(t)$ son dos soluciones $\Rightarrow \alpha\bar{X}(t)+\beta\,\bar{Y}(t)\ /\ \alpha,\beta\in\mathbb{R}$ también es solución.

Para comprobar que $\alpha\bar{X}(t)+\beta\,\bar{Y}(t)$ es solución, se sustituye en la ecuación y comprobamos que se verifica:

$$\left(\alpha\bar{X}(t)+\beta\,\bar{Y}(t)\right)'=\alpha\bar{X}'(t)+\beta\,\bar{Y}'(t)=A(t)\cdot\bar{X}(t)+A(t)\cdot\bar{Y}(t)=$$

$$\alpha A(t)\cdot\bar{X}(t)+\beta A(t)\cdot\bar{Y}(t)=A(t)\cdot\left(\alpha\bar{X}(t)+\beta\,\bar{Y}(t)\right)$$

Propiedad 2: Teorema de existencia y unicidad

Si los coeficientes$a_{ij}(t)$ son **funciones continuas** en un intervalo I de t, es decir,

$\left(a_{ij}(t)\in C^0(I)\right)$. Entonces, dado un $t_0\in I\ y\ \bar{\xi}\epsilon\mathbb{R}^n$ existe una solución $\bar{X}(t)$ tal que $\bar{X}(t_0)=\bar{\xi},\ t\in I.$

Propiedad 3:

Si en el intervalo I se cumple el **teorema de existencia y unicidad,** entonces el conjunto de soluciones es un **espacio vectorial** de **dimensión n.**

El teorema de existencia y unicidad, nos dice, que fijado $t_0\in I$ para cada $\bar{\xi}\epsilon\mathbb{R}^n$ le corresponde una única solución $\bar{X}(t)/\bar{X}(t_0)=\bar{\xi},\ t\in I\Rightarrow$ el conjunto de soluciones tiene dimensión n.

El problema práctico es ¿cómo construir n soluciones independientes? Es decir, construir una base de soluciones.

Elegimos **n vectores independientes** $\{\bar{\xi}_1,\bar{\xi}_2,\cdots\cdots\bar{\xi}_n\}\ de\ \mathbb{R}^n$

$$\left(t_0,\bar{\xi}_1\right)\longrightarrow\bar{X}_1(t)/\bar{X}_1(t_0)=\bar{\xi}_1$$

....

....

....

$$\left(t_0,\bar{\xi}_n\right)\longrightarrow\bar{X}_n(t)/\bar{X}_n(t_0)=\bar{\xi}_n$$

Estas soluciones $\{\bar{X}_1(t),\bar{X}_2(t),\cdots\cdots\bar{X}_n(t)\}$ son **n soluciones linealmente independientes.**

La solución general es: $\boxed{\bar{X}(t) = C_1\bar{X}_1(t) + \cdots\cdots + C_n\bar{X}_n(t)}$ siendo $C_1, \cdots\cdots C_n$ constantes arbitrarias.

Propiedad 4:

En el sistema $\bar{X}'(t) = A(t) \cdot \bar{X}(t)$ se conocen n soluciones $\{\bar{X}_1(t), \bar{X}_2(t), \cdots\cdots \bar{X}_n(t)\}$ ¿Cómo comprobar si son independientes?

Se fija $t = t_0$. Sean $\{\bar{X}_1(t), \bar{X}_2(t), \cdots\cdots \bar{X}_n(t)\}$, n funciones definidas en el mismo intervalo I de la recta real y de clase $C^{(n-1)}(I)$. Por **wronskiano** de estas n funciones entendemos el siguiente determinante:

$$W(\bar{X}_1(t), \bar{X}_2(t), \cdots\cdots \bar{X}_n(t)) = \begin{vmatrix} \bar{X}_1(t_0) & \bar{X}_2(t_0) & \cdots & \cdots & \bar{X}_n(t_0) \\ \bar{X}'_1(t_0) & \bar{X}'_2(t_0) & \cdots & \cdots & \bar{X}'_n(t_0) \\ \cdots & \cdots & \cdots & \cdots & \cdots \\ \cdots & \cdots & \cdots & \cdots & \cdots \\ \bar{X}_1^{(n-1)}(t_0) & \bar{X}_2^{(n-1)}(t_0) & \cdots & \cdots & \bar{X}_n^{(n-1)}(t_0) \end{vmatrix}$$

Si ese determinante es **distinto de cero,** entonces las **n soluciones** son **linealmente independientes,** si ese determinante es **igual a cero,** las **n soluciones** son **linealmente dependientes.**

Teorema: la condición **necesaria y suficiente** para que n soluciones $\bar{X}_1(t), \bar{X}_2(t), \cdots \bar{X}_n(t)$ de un sistema de ecuaciones diferenciales $\bar{X}'(t) = A(t) \cdot \bar{X}(t)$ sean linealmente independientes es que:

$$W(\bar{X}_1(t), \bar{X}_2(t), \cdots\cdots \bar{X}_n(t)) \neq 0$$

2.3. Sistema lineal homogéneo de coeficientes constantes

Sea un sistema de n ecuaciones de la forma $\bar{X}'(t) = A(t) \cdot \bar{X}(t)$ en el que los coeficientes a_{ij} son constantes y, además, se cumplen las 4 propiedades anteriores en el intervalo de existencia y unicidad $I = \mathbb{R}$. ¿Cómo podemos hallar n soluciones linealmente independientes?

Caso $n = 1$ $\quad \bar{X}'(t) = a \cdot X(t) \longrightarrow \boxed{X(t) = Ke^{at}}$

Caso general n: $\boxed{\bar{X}(t) = \bar{v}e^{\lambda t}}$ siendo $\bar{v}$ un vector constante $\begin{pmatrix} v_1 \\ v_2 \\ \cdots \\ \cdots \\ v_n \end{pmatrix}$

Luego: $e^t\begin{pmatrix} v_1 \\ v_1 \\ \cdots \\ \cdots \\ v_n \end{pmatrix} = \begin{pmatrix} e^{\lambda t}v_1 \\ e^{\lambda t}v_1 \\ \cdots \\ \cdots \\ e^{\lambda t}v_n \end{pmatrix}$

$$(\bar{v}e^{\lambda t})' = A(\bar{v}e^{\lambda t}) \Rightarrow \lambda\bar{v}e^{\lambda t} = e^{\lambda t}A\bar{v} \Rightarrow \boxed{A\bar{v} = \lambda\bar{v}}$$

$$\Rightarrow \begin{cases} Ecuación\ en\ valores\ propios \\ Vectores\ propios \end{cases}$$

1) **Valores propios (λ)**

$$A\bar{v} - \lambda\bar{v} = 0 \Rightarrow (A - \lambda I)\bar{v} = 0 \Rightarrow |A - \lambda I| = 0$$

Siendo I la matriz identidad. $\{\lambda_1, \lambda_2, \cdots\cdots\cdots \lambda_n\}$

2) **Vectores propios ($\bar{v}$)**

Cogemos $\lambda_1 : A\bar{v}_1 = \lambda_1\bar{v}_1$, entonces $\{\lambda_1, \bar{v}_1\} \rightarrow$ solución $\boxed{\bar{X}_1(t) = e^{\lambda_1(t)}\bar{v}_1}$

Posibilidades:

a) Los valores propios λ_i son **diferentes y reales.**

$\{\bar{X}_1(t) = e^{\lambda_1(t)}\bar{v}_1, \cdots\cdots\cdots, \bar{X}_n(t) = e^{\lambda_n(t)}\bar{v}_n\}$ son linealmente independientes.

La solución general es:

$\boxed{\bar{X}(t) = C_1e^{\lambda_1(t)}\bar{v}_1 + \cdots\cdots\cdots + C_ne^{\lambda_n(t)}\bar{v}_n}$ siendo $C_1, \cdots\cdots\cdots C_n$ constantes arbitrarias.

b) Los valores λ_i son **diferentes,** pero **alguno** de ellos es **complejo.**

Sea $\boxed{\lambda_i = \alpha + i\beta}$ una solución compleja y su vector propio, $\bar{v}$, entonces:

$$A\bar{v} = (\alpha + i\beta)\bar{v} \Rightarrow \boxed{\bar{X}_1(t) = e^{(\alpha+i\beta)t}\bar{v}}$$

Tomando el conjugado de esa solución. $A\bar{v}^* = (\alpha - i\beta)\bar{v}^* \Rightarrow$ $\boxed{\bar{X}_1(t)^* = e^{(\alpha-i\beta)t}\bar{v}^*}$

Si combinamos esas dos soluciones:

$$\left.\begin{array}{l} \bar{X}_1(t) = e^{(\alpha+i\beta)t}\bar{v} \\ \bar{X}_1(t)^* = e^{(\alpha-i\beta)t}\bar{v}^* \end{array}\right\} \Rightarrow \begin{array}{c} \dfrac{\bar{X}_1(t) + \bar{X}_1(t)^*}{2} \\ \dfrac{\bar{X}_1(t) - \bar{X}_1(t)^*}{2} \end{array}$$

27- Resolver $\bar{X}'(t) = \begin{pmatrix} 0 & 1 \\ 1 & 0 \end{pmatrix}\bar{X}(t)$

$$\bar{X}(t) = \begin{pmatrix} x_1(t) \\ x_2(t) \end{pmatrix}$$

1. Primero hallamos los valores propios:

$$|A-\lambda I| = \begin{vmatrix} -\lambda & 1 \\ 1 & -\lambda \end{vmatrix} = 0 \Rightarrow \lambda^2 - 1 = 0 \Rightarrow \lambda = \pm 1$$
$$\Rightarrow \{\lambda_1 = 1, \lambda_2 = -1\}$$

2. Vectores propios:

$\lambda_1 = 1$

$$\bar{v}_1 = \begin{pmatrix} a \\ b \end{pmatrix} \Rightarrow \begin{pmatrix} 0 & 1 \\ 1 & 0 \end{pmatrix} \cdot \begin{pmatrix} a \\ b \end{pmatrix} = \begin{pmatrix} a \\ b \end{pmatrix} \Rightarrow \begin{cases} b = a \\ a = b \end{cases} \Rightarrow \bar{v}_1 = \begin{pmatrix} a \\ a \end{pmatrix} = a \begin{pmatrix} 1 \\ 1 \end{pmatrix}$$

$$\left\{\lambda_1 = 1, \bar{v}_1 = \begin{pmatrix} 1 \\ 1 \end{pmatrix}\right\} \Rightarrow \bar{X}_1(t) = e^t \begin{pmatrix} 1 \\ 1 \end{pmatrix}$$

$\lambda_2 = -1$

$$\bar{v}_2 = \begin{pmatrix} a \\ b \end{pmatrix} \Rightarrow \begin{pmatrix} 0 & 1 \\ 1 & 0 \end{pmatrix} \cdot \begin{pmatrix} a \\ b \end{pmatrix} = (-1) \cdot \begin{pmatrix} a \\ b \end{pmatrix} \Rightarrow \begin{cases} b = -a \\ a = -b \end{cases} \Rightarrow \bar{v}_2 = \begin{pmatrix} a \\ -a \end{pmatrix}$$
$$= a \begin{pmatrix} 1 \\ -1 \end{pmatrix}$$

$$\left\{\lambda_2 = -1, \bar{v}_2 = \begin{pmatrix} 1 \\ -1 \end{pmatrix}\right\} \Rightarrow \bar{X}_2(t) = e^{-t} \begin{pmatrix} 1 \\ -1 \end{pmatrix}$$

$$\boxed{\bar{X}(t) = C_1 e^t \begin{pmatrix} 1 \\ 1 \end{pmatrix} + C_2 e^{-t} \begin{pmatrix} 1 \\ -1 \end{pmatrix}}$$

28- $\left.\begin{array}{l} \bar{X}_1'(t) = \bar{X}_2(t) \\ \bar{X}_2'(t) = -\bar{X}_1(t) \end{array}\right\}$

Expresamos esas ecuaciones en notación matricial:

$$\bar{X}'(t) = \begin{pmatrix} 0 & 1 \\ -1 & 0 \end{pmatrix} \bar{X}(t)$$

1. Valores propios:

$$|A-\lambda I| = \begin{vmatrix} -\lambda & 1 \\ -1 & -\lambda \end{vmatrix} = 0 \Rightarrow \lambda^2 + 1 = 0 \Rightarrow \lambda = \pm\sqrt{-1} = \pm i$$
$$\Rightarrow \{\lambda_1 = i, \lambda_2 = -i\}$$

2. Vectores propios:

$\lambda_1 = i$

$$\bar{v}_1 = \begin{pmatrix} a \\ b \end{pmatrix} \Rightarrow \begin{pmatrix} 0 & 1 \\ -1 & 0 \end{pmatrix} \cdot \begin{pmatrix} a \\ b \end{pmatrix} = i \begin{pmatrix} a \\ b \end{pmatrix} \Rightarrow \begin{cases} b = ia \\ -a = ib \end{cases} \Rightarrow \bar{v}_1 = \begin{pmatrix} a \\ ia \end{pmatrix}$$
$$= a \begin{pmatrix} 1 \\ i \end{pmatrix}$$

Si tomamos $a = 1$

$$\left\{\lambda_1 = i, \bar{v}_1 = \begin{pmatrix} 1 \\ i \end{pmatrix}\right\} \Rightarrow \bar{X}_1(t) = e^{it} \begin{pmatrix} 1 \\ i \end{pmatrix}$$
$$\left\{\lambda_2 = -i, \bar{v}_2 = \begin{pmatrix} 1 \\ -i \end{pmatrix}\right\} \Rightarrow \bar{X}_2(t) = e^{-it} \begin{pmatrix} 1 \\ -i \end{pmatrix}$$

Como las dos raíces complejas son conjugadas, es inmediato comprobar que las soluciones serán conjugadas, lo que nos facilita bastante el cálculo. Ahora buscamos las soluciones reales:

$$Re\left[e^{it}\begin{pmatrix}1\\ i\end{pmatrix}\right] = \left[\begin{pmatrix}\cos t + isen\, t\\ icos\, t - sen\, t\end{pmatrix}\right] \Rightarrow \begin{cases} Re[\bar{X}_1(t)] = \begin{pmatrix}\cos t\\ -sen\, t\end{pmatrix} \\ Im[\bar{X}_1(t)] = \begin{pmatrix}\operatorname{sen} t\\ cos\, t\end{pmatrix}\end{cases}$$

Hemos aplicado la propiedad: $e^{(\alpha+i\beta)} = e^{\alpha}(\cos\beta t + isen\,\beta t)$

$$\boxed{\bar{X}(t) = C_1\begin{pmatrix}\cos t\\ -sen\, t\end{pmatrix} + C_2\begin{pmatrix}\operatorname{sen} t\\ cos\, t\end{pmatrix}}$$

b) Calcular la solución particular que cuando $t = 0$ pasa por $\begin{pmatrix}1\\ -1\end{pmatrix}$

$$\bar{X}(0) = \begin{pmatrix}1\\ -1\end{pmatrix}$$

Cogemos la solución general, sustituimos las condiciones iniciales y hallamos las constantes.

$$C_1\begin{pmatrix}1\\ 0\end{pmatrix} + C_2\begin{pmatrix}0\\ 1\end{pmatrix} = \begin{pmatrix}1\\ -1\end{pmatrix} \Rightarrow \begin{cases}C_1 = 1\\ C_2 = -1\end{cases}$$

Luego:

$$\boxed{\bar{X}(0) = 1\begin{pmatrix}\cos t\\ -sen\, t\end{pmatrix} - 1\begin{pmatrix}\operatorname{sen} t\\ cos\, t\end{pmatrix}}$$

c) Hay algún **valor propio múltiple**

El parámetro λ tiene multiplicidad m, lo que significa que existen **m soluciones independientes.** $\{\lambda_1, \lambda_2, \cdots\cdots\, \lambda_n\}$. Cuando $m = 2$ existen dos soluciones independientes.

c.1 Para λ de multiplicidad m.

$A\bar{v} = \lambda\bar{v}$ ⟶Hay m vectores propios independientes $\{\lambda, \bar{v}_1, \bar{v}_2, \cdots\cdots, \bar{v}_m\}$

Las m soluciones independientes son:

$$\{\bar{X}_1(t) = e^{\lambda t}\bar{v}_1,\ \bar{X}_2(t) = e^{\lambda t}\bar{v}_2\ \cdots\cdots, \bar{X}_m(t) = e^{\lambda}\bar{v}_m\}$$

c.2 λ tiene **multiplicidad** $m = 2$

$A\bar{v} = \lambda\bar{v} \longrightarrow$ tiene un valor propio independiente.

$\boxed{\{\lambda, \bar{v}_1\} \longrightarrow \bar{X}_1(t) = e^{\lambda t}\bar{v}}$

La segunda solución es de la forma:

$$\bar{X}_2(t) = te^{\lambda t}\bar{v} + e^{\lambda t}\bar{w}$$

c.3 λ tiene **multiplicidad** $m = 3$

$$\bar{X}_3(t) = t^2e^{\lambda t}\bar{v} + te^{\lambda t}\bar{w}_1 + e^{\lambda t}\bar{w}_2$$

29- $\left.\begin{array}{l} x_1' = x_3 \\ x_2' = x_2 \\ x_3' = x_1 \end{array}\right\}$

Expresamos esas ecuaciones en notación matricial:

$$\bar{X}'(t) = \begin{pmatrix} 0 & 0 & 1 \\ 0 & 1 & 0 \\ 1 & 0 & 0 \end{pmatrix} \bar{X}(t)$$

1. Valores propios

$$\begin{vmatrix} -\lambda & 0 & 1 \\ 0 & 1-\lambda & 0 \\ 1 & 0 & -\lambda \end{vmatrix} = \lambda^2(1-\lambda) + 0 + 0 - (1-\lambda) + 0 + 0$$
$$= (\lambda - 1)(-\lambda + 1)(\lambda + 1) = 0$$

$$\begin{cases} \lambda_1 = 1 \\ \lambda_2 = 1 \\ \lambda_3 = -1 \end{cases}$$

2. Vectores propios

$\lambda_1 = 1$

$$\bar{v} = \begin{pmatrix} a \\ b \\ c \end{pmatrix} \Rightarrow \begin{pmatrix} 0 & 0 & 1 \\ 0 & 1 & 0 \\ 1 & 0 & 0 \end{pmatrix} \cdot \begin{pmatrix} a \\ b \\ c \end{pmatrix} = \begin{pmatrix} a \\ b \\ c \end{pmatrix} \Rightarrow \begin{cases} c = a \\ b = b \\ a = c \end{cases} \Rightarrow \bar{v} = \begin{pmatrix} a \\ b \\ a \end{pmatrix} = \begin{pmatrix} a \\ 0 \\ a \end{pmatrix} + \begin{pmatrix} 0 \\ b \\ 0 \end{pmatrix}$$
$$= a\begin{pmatrix} 1 \\ 0 \\ 1 \end{pmatrix} + b\begin{pmatrix} 0 \\ 1 \\ 0 \end{pmatrix}$$

$$\left\{\lambda_1 = 1, \bar{v}_1 = \begin{pmatrix} 1 \\ 0 \\ 1 \end{pmatrix}, \bar{v}_2 = \begin{pmatrix} 0 \\ 1 \\ 0 \end{pmatrix}\right\}$$

$$\lambda_3 = -1$$
$$\bar{v} = \begin{pmatrix} a \\ b \\ c \end{pmatrix} \Rightarrow \begin{pmatrix} 0 & 0 & 1 \\ 0 & 1 & 0 \\ 1 & 0 & 0 \end{pmatrix} \cdot \begin{pmatrix} a \\ b \\ c \end{pmatrix} = -\begin{pmatrix} a \\ b \\ c \end{pmatrix} \Rightarrow \begin{cases} c = -a \\ b = -b \Rightarrow b = 0 \Rightarrow \bar{v} \\ a = -c \end{cases}$$
$$= \begin{pmatrix} a \\ 0 \\ -a \end{pmatrix} = a \begin{pmatrix} 1 \\ 0 \\ -1 \end{pmatrix}$$

$$\left\{ \lambda_3 = -1, \bar{v}_3 = \begin{pmatrix} 1 \\ 0 \\ -1 \end{pmatrix} \right\}$$

$$\boxed{\bar{X}(t) = C_1 t e^t \begin{pmatrix} 1 \\ 0 \\ 1 \end{pmatrix} + C_2 e^t \begin{pmatrix} 0 \\ 1 \\ 0 \end{pmatrix} + C_3 e^{-t} \begin{pmatrix} 1 \\ 0 \\ -1 \end{pmatrix}}$$

30- $\bar{X}'(t) = \begin{pmatrix} 1 & 2 \\ 0 & 1 \end{pmatrix} \bar{X}(t)$

1. Valores propios

$$|A - \lambda I| = \begin{vmatrix} 1-\lambda & 2 \\ 0 & 1-\lambda \end{vmatrix} = 0 \Rightarrow (1-\lambda)^2 = 0; \;\; \lambda_1 = \lambda_1 = 1$$

2. Vectores propios

$$\lambda = 1, m = 2$$
$$\bar{v} = \begin{pmatrix} a \\ b \end{pmatrix} \Rightarrow \begin{pmatrix} 1 & 2 \\ 0 & 1 \end{pmatrix} \cdot \begin{pmatrix} a \\ b \end{pmatrix} = \begin{pmatrix} a \\ b \end{pmatrix} \Rightarrow \begin{cases} a + 2b = a \\ b = b \end{cases} \Rightarrow b = 0; \; v = \begin{pmatrix} a \\ 0 \end{pmatrix}$$
$$= a \begin{pmatrix} 1 \\ 0 \end{pmatrix}$$

$$\left\{ \lambda = 1, \bar{v}_1 = \begin{pmatrix} 1 \\ 0 \end{pmatrix} \right\} \Rightarrow \bar{X}_1(t) = e^t \begin{pmatrix} 1 \\ 0 \end{pmatrix}; \; \bar{X}_2(t) = te^t \begin{pmatrix} 1 \\ 0 \end{pmatrix} + e^t \begin{pmatrix} a \\ b \end{pmatrix}$$

Si sustituimos en la ecuación inicial.

$$\left\{ te^t \begin{pmatrix} 1 \\ 0 \end{pmatrix} + e^t \begin{pmatrix} a \\ b \end{pmatrix} \right\}' = \begin{pmatrix} 1 & 2 \\ 0 & 1 \end{pmatrix} \left\{ te^t \begin{pmatrix} 1 \\ 0 \end{pmatrix} + e^t \begin{pmatrix} a \\ b \end{pmatrix} \right\} \Rightarrow$$

$$e^t \begin{pmatrix} 1 \\ 0 \end{pmatrix} + te^t \begin{pmatrix} 1 \\ 0 \end{pmatrix} + e^t \begin{pmatrix} a \\ b \end{pmatrix} = te^t \begin{pmatrix} 1 \\ 0 \end{pmatrix} + e^t \begin{pmatrix} a + 2b \\ b \end{pmatrix}$$

En este tipo de ecuaciones, el término de mayor grado siempre se va a simplificar. De este modo llegamos a:

$$\left. \begin{matrix} 1 + a = a + 2b \\ b = b \end{matrix} \right\} \Rightarrow b = \frac{1}{2}$$

$$\begin{pmatrix} a \\ b \end{pmatrix} = \begin{pmatrix} a \\ 1 \\ \overline{2} \end{pmatrix} = a\begin{pmatrix} 1 \\ 0 \end{pmatrix} + \begin{pmatrix} 0 \\ 1 \\ \overline{2} \end{pmatrix}$$

Hemos elegido el valor $a = 0$ porque el vector $\begin{pmatrix} 1 \\ 0 \end{pmatrix}$ ya está incluido en la solución anterior. Así, tenemos:

$$\bar{X}_2(t) = te^t \begin{pmatrix} 1 \\ 0 \end{pmatrix} + e^t \begin{pmatrix} 0 \\ 1 \\ \overline{2} \end{pmatrix}$$

Como: $\boxed{\bar{X}(t)} = C_1\bar{X}_1(t) + C_2\bar{X}_2(t) \boxed{= C_1 e^t \begin{pmatrix} 1 \\ 0 \end{pmatrix} + C_2 \left\{ te^t \begin{pmatrix} 1 \\ 0 \end{pmatrix} + e^t \begin{pmatrix} 0 \\ \frac{1}{2} \end{pmatrix} \right\}}$

2.4. Sistemas lineales inhomogéneos de ecuaciones diferenciales de primer orden

$\{x_1(t), \cdots\cdots\cdots, x_n(t)\}$ son funciones a determinar mediante "n" ecuaciones diferenciales. Un sistema inhomogéneo de n ecuaciones diferenciales de primer orden tiene la forma:

$$\left.\begin{array}{l} x_1'(t) = a_{11}(t)x_1(t) + a_{12}(t)x_2(t) + \cdots\cdots\cdots + a_{1n}(t)x_n(t) + b_1(t) \\ x_2'(t) = a_{21}(t)x_1(t) + a_{22}(t)x_2(t) + \cdots\cdots\cdots + a_{2n}(t)x_n(t) + b_2(t) \\ \cdots\cdots\cdots\cdots\cdots\cdots\cdots\cdots\cdots\cdots\cdots\cdots \\ \cdots\cdots\cdots\cdots\cdots\cdots\cdots\cdots\cdots\cdots\cdots\cdots \\ \cdots\cdots\cdots\cdots\cdots\cdots\cdots\cdots\cdots\cdots\cdots\cdots \\ x_n'(t) = a_{n1}(t)x_1(t) + a_{n2}(t)x_2(t) + \cdots\cdots\cdots + a_{nn}(t)x_n(t) + b_n(t) \end{array}\right\}$$

$$\begin{pmatrix} b_1(t) \\ b_2(t) \\ \cdots\cdots \\ \cdots\cdots \\ b_n(t) \end{pmatrix}$$

Un sistema lineal inhomogéneo se puede expresar en forma de ecuación como:

$$\boxed{\bar{\boldsymbol{X}}'(\boldsymbol{t}) = \boldsymbol{A}(\boldsymbol{t}) \cdot \bar{\boldsymbol{X}}(\boldsymbol{t}) + \bar{\boldsymbol{b}}(\boldsymbol{t})} \longrightarrow \bar{\boldsymbol{X}}_{\boldsymbol{p}}(\boldsymbol{t})$$

Todo sistema lineal inhomogéneo tiene un asociado un sistema lineal homogéneo que se puede expresar en forma de ecuación como:

$$\boxed{\bar{X}'(t) = A(t)\cdot\bar{X}(t)} \longrightarrow \bar{X}_h(t)$$

2.4.1. Propiedades

Propiedad 1: Si $\bar{X}_p(t)$ es una solución particular del sistema lineal inhomogéneo y $\bar{X}_h(t)$ es una solución del sistema lineal homogéneo asociado. Entonces $\bar{X}_p(t)+\bar{X}_h(t)$ es una solución del sistema lineal inhomogéneo.

$$\left.\begin{array}{l}\bar{X}_p' = A\bar{X}_p \\ \bar{X}_h' = A\bar{X}_h\end{array}\right\} \Rightarrow \left(\bar{X}_p+\bar{X}_h\right)' = A\left(\bar{X}_p+\bar{X}_h\right)+\bar{b}$$

Propiedad 2: Teorema de existencia y unicidad.

Es el mismo que para los sistemas lineales homogéneos siempre que los coeficientes $b_j(t);\ j=1,\cdots n$, sean también funciones continuas en el intervalo I.

Propiedad 3:

La **solución general** de un **sistema lineal inhomogéneo de n ecuaciones** es de la forma:

$\bar{X}(t)=\bar{X}_p(t)+C_1\bar{X}_1(t)+\cdots\cdots+C_n\bar{X}_n(t)$ siendo $C_1,\cdots\cdots C_n$ constantes arbitrarias.

$\bar{X}_1(t),\bar{X}_2(t),\cdots\bar{X}_n(t)$ son **soluciones linealmente independientes** del sistema inhomogéneo.

2.4.2. ¿Cómo hallar 1 solución particular del sistema lineal inhomógeneo?

1. Método de variación de las constantes

1. Primero se halla la solución general del sistema homogéneo.

$$\bar{X}_h(t)=C_1\bar{X}_1(t)+\cdots\cdots+C_n\bar{X}_n(t)$$

Una vez calculada la solución general del sistema homogéneo, sustituimos en la ecuación matricial del sistema.

$$\{C_1\bar{X}_1(t)+\cdots\cdots+C_n\bar{X}_n(t)\}' = A(t)\{C_1\bar{X}_1(t)+\cdots\cdots+C_n\bar{X}_n(t)\}+\bar{b}(t)$$

$$\begin{aligned}C_1'(t)\bar{X}_1(t)+C_1(t)\bar{X}_1'(t)+\cdots\cdots+C_n'(t)\bar{X}_n(t)+C_n(t)\bar{X}_n'(t)\\ = C_1(t)A(t)\bar{X}(t)+\cdots\cdots+C_n(t)A(t)\bar{X}_n(t)+\cdots\cdots+\bar{b}(t)\end{aligned}$$

$$\boxed{C_1'(t)\bar{X}_1(t) + \cdots\cdots\cdots + C_n'(t)\bar{X}_n(t) = \bar{b}(t)}$$

$$C_1'\begin{pmatrix}\alpha\\ \beta\end{pmatrix} + C_2'\begin{pmatrix}\gamma\\ \sigma\end{pmatrix} = \begin{pmatrix}b_1\\ b_2\end{pmatrix}$$

$$\begin{pmatrix}\alpha & \gamma\\ \beta & \delta\end{pmatrix}\cdot\begin{pmatrix}c_1'\\ c_2'\end{pmatrix} = \begin{pmatrix}b_1\\ b_2\end{pmatrix} \longrightarrow \begin{pmatrix}c_1'\\ c_2'\end{pmatrix} = \begin{pmatrix}\alpha & \gamma\\ \beta & \delta\end{pmatrix}^{-1}\begin{pmatrix}b_1\\ b_2\end{pmatrix}$$

$$[\bar{X}_1(t), \bar{X}_2(t), \cdots \bar{X}_n(t)]C^{-1}(t) = \bar{b}(t)$$

$[\bar{X}_1(t), \bar{X}_2(t), \cdots \bar{X}_n(t)]$ es una matriz $n \times n$

$$C'(t) = [\bar{X}_1(t), \bar{X}_2(t), \cdots \bar{X}_n(t)]^{-1}\bar{b}(t)$$

El sistema de ecuaciones que expresa la ecuación anterior podemos resolverlo aplicando la **Regla de Cramer.**

$$\boxed{\begin{array}{l} C_1'(t) = \dfrac{|\bar{b}_1, \bar{X}_2(t), \cdots \bar{X}_n(t)|}{|\bar{X}_1(t), \bar{X}_2(t), \cdots \bar{X}_n(t)|} \\ C_2'(t) = \dfrac{|\bar{X}_1(t), \bar{b}_2, \cdots \bar{X}_n(t)|}{|\bar{X}_1(t), \bar{X}_2(t), \cdots \bar{X}_n(t)|} \\ \cdots\cdots\cdots\cdots\cdots\cdots\cdots\cdots\cdots \\ \cdots\cdots\cdots\cdots\cdots\cdots\cdots\cdots\cdots \\ C_n'(t) = \dfrac{|\bar{X}_1(t), \bar{X}_2(t), \cdots \bar{b}_n|}{|\bar{X}_1(t), \bar{X}_2(t), \cdots \bar{X}_n(t)|} \end{array}}$$

31- Encontrar la solución general del siguiente sistema lineal inhomogéneo:

$$\bar{X}'(t) = \begin{pmatrix}1 & 1\\ 1 & 1\end{pmatrix}\cdot\bar{X}(t) + \begin{pmatrix}e^t\\ 0\end{pmatrix}$$

1. Solución general del sistema lineal homogéneo.

$$\bar{X}' = \begin{pmatrix}1 & 1\\ 1 & 1\end{pmatrix}\cdot\bar{X}$$

La solución es:

$$\boxed{\bar{X}(t) = C_1e^{2t}\begin{pmatrix}1\\ 1\end{pmatrix} + C_2\begin{pmatrix}1\\ -1\end{pmatrix}}$$

2. Solución particular

$$\bar{X}_p(t) = C_1(t)\begin{pmatrix}e^{2t}\\ e^{2t}\end{pmatrix} + C_2(t)\begin{pmatrix}1\\ -1\end{pmatrix}$$

$$C_1'(t) = \frac{\begin{vmatrix} e^t & 1 \\ 0 & -1 \end{vmatrix}}{\begin{vmatrix} e^{2t} & 1 \\ e^{2t} & -1 \end{vmatrix}} = \frac{-e^t}{-2e^{2t}} = \frac{1}{2}e^{-t} \to C_1(t) = -\frac{1}{2}e^{-t} + C$$

$$C_2'(t) = \frac{\begin{vmatrix} e^{2t} & e^t \\ e^{2t} & 0 \end{vmatrix}}{\begin{vmatrix} e^{2t} & 1 \\ e^{2t} & -1 \end{vmatrix}} = \frac{e^{3t}}{2e^{2t}} = \frac{1}{2}e^{t} \to C_2(t) = \frac{1}{2}e^{t} + C$$

$$\boxed{\bar{X}_p = -\frac{1}{2}e^{-t}\begin{pmatrix} e^{2t} \\ e^{2t} \end{pmatrix} + \frac{1}{2}e^{t}\begin{pmatrix} 1 \\ -1 \end{pmatrix}}$$

La solución general $\bar{X}(t)$ es:

$$\boxed{\bar{X}(t) = -\frac{1}{2}e^{-t}\begin{pmatrix} e^{2t} \\ e^{2t} \end{pmatrix} + \frac{1}{2}e^{t}\begin{pmatrix} 1 \\ -1 \end{pmatrix} + C_1e^{2t}\begin{pmatrix} 1 \\ 1 \end{pmatrix} + C_2\begin{pmatrix} 1 \\ -1 \end{pmatrix}}$$

2.5. Ecuaciones diferenciales lineales homogéneas de orden n

Sea $y(t)$

$$\frac{d^n}{dt^n}y(t) + a_1(t)\frac{d^{n-1}}{dt^{n-1}}y(t) + \cdots\cdots\cdots + a_1(t)y(t) = 0$$

Los coeficientes $a_{ij}(t)$ dependen sólo de la variable independiente t.

$$y^n(t) + a_1(t)y^{n-1}(t) + \cdots\cdots + a_{n-1}(t)y'(t) + a_n(t)y(t) = 0$$

Pasamos la ecuación diferencial lineal de orden n a un sistema lineal de n ecuaciones.

$$y(t) \to \left\{\begin{array}{c} y(t) = x_1(t) \\ y'(t) = x_2(t) \\ \vdots \\ \vdots \\ y^{(n-2)}(t) = x_{n-1}(t) \\ y^{(n-1)}(t) = x_n(t) \end{array}\right\}$$

$$\to \left.\begin{array}{c} x_1'(t) = x_2(t) \\ x_2'(t) = x_3(t) \\ \vdots \\ \vdots \\ x_{n-1}'(t) = x_n(t) \\ x_n'(t) = -a_1(t)x_n(t) + -a_2(t)x_{n-1}(t) - \cdots - a_n(t)x_1(t) \end{array}\right\}$$

Es decir, $\bar{X}'(t) = \boldsymbol{A}(t)\bar{X}(t)$ con

$$\boldsymbol{A}(t) = \begin{pmatrix} 0 & 1 & 0 & \vdots & 0 \\ 0 & 0 & 1 & \vdots & 0 \\ \vdots & \vdots & \vdots & \vdots & \vdots \\ \vdots & \vdots & \vdots & \ddots & \vdots \\ -a_n(t) & -a_{n-1}(t) & -a_{n-2}(t) & \dots & -a_1(t) \end{pmatrix}$$

2.5.1. Propiedades:

1. El conjunto de soluciones de una ecuación diferencial lineal homogénea de orden n es un espacio vectorial.

$y_1(t), y_2(t)$ son soluciones $\Rightarrow \alpha y_1(t) + \beta y_2(t)$ es solución con α, β constantes.

$y(t) = 0$ es la solución trivial.

2. Teorema de existencia y unicidad

Si los coeficientes $a_{ji}(t)$ son constantes en $I \subset \mathbb{R}$, entonces:

Fijados $t_0 \in I, (y_0, y_0', \cdots y_0^{n-1}) \in \mathbb{R}^n$, entonces existe una única solución $y(t)$ tal que:

$$\begin{cases} y(t_0) = y_0 \\ y'(t_0) = y_0' \\ \cdots\cdots\cdots\cdots\cdots\cdots \\ y^{(n-1)}(t_0) = y_0^{n-1} \end{cases}$$

Ejemplo:

$$y''(t) = -Ky(t) \begin{cases} t_0 \\ y(t_0) = y_0 \\ y'(t_0) = y_0' \end{cases}$$

3. Si se verifica el teorema de existencia, el conjunto de soluciones en el intervalo I, es un espacio vectorial de dimensión n. $\{y_1(t), \cdots\cdots\cdots\cdots, y_n(t)\}$ son n soluciones independientes.

La solución general es:

$$\boxed{y(t) = C_1 y_1(t) + C_2 y_2(t) + \cdots\cdots + C_n y_n(t)}$$

Los coeficientes C_j son constantes arbitrarias. Para hallar una solución particular debemos fijar las n condiciones iniciales.

4. Si $\{y_1(t),\cdots\cdots\cdots\cdots,y_n(t)\}$ son n soluciones de nuestra ecuación diferencial lineal homogénea, ¿cómo saber si son linealmente independientes?

$$y_1 \longrightarrow \begin{pmatrix} y_1 \\ y_1' \\ \vdots \\ y_1^{(n-1)} \end{pmatrix} \cdots\cdots\cdots\, y_n \longrightarrow \begin{pmatrix} y_n \\ y_n' \\ \vdots \\ y_n^{(n-1)} \end{pmatrix}$$

Calculamos el wronskiano de estas n soluciones:

$$W(y_1, y_2 \cdots, y_n)(t) = \begin{vmatrix} y_1(t) & y_2(t) & \cdots & y_n(t) \\ y_1'(t) & y_2'(t) & \cdots & y_n'(t) \\ \cdots & \cdots & \ddots & \cdots \\ y_1^{(n-1)}(t) & y_2^{(n-1)}(t) & \cdots & y_n^{(n-1)}(t) \end{vmatrix}$$

La **condición necesaria y suficiente** para que n soluciones $y_1, y_2,\cdots, y_n$ de la ecuación diferencial $L_n y(t) = 0$ sean linealmente independientes es que:

$$W(y_1, y_2 \cdots, y_n)(t) \neq 0$$

Ahora la cuestión es cómo hallar las n soluciones linealmente independientes.

2.5.2. Ecuación diferencial lineal homogénea de orden n, con coeficientes constantes.

$$y^n(t) + a_1(t)y^{n-1}(t) + \cdots\cdots + a_{n-1}(t)y(t) + a_n(t)y(t) = 0$$

$$\left.\begin{array}{c} y(t) = e^{\lambda t} \\ y'(t) = \lambda e^{\lambda t} \\ :::::::::::::::::::::::::: \\ :::::::::::::::::::::::::: \\ y^{(n)}(t) = \lambda^n e^{\lambda t} \end{array}\right\}$$

$$\lambda^n e^{\lambda t} + a_1 \lambda^{n-1} e^{\lambda t} + \cdots + a_n e^{\lambda t} = 0 \Rightarrow \boxed{\lambda^n + a_1 \lambda^{n-1} + \cdots + a_n = 0}$$
$$\rightarrow \{\lambda_1, \cdots, \lambda_n\}$$

Posibilidades

1- Todas son reales y diferentes.

$$y_1(t) = e^{\lambda_1 t}, \dots\dots, y_n(t) = e^{\lambda_n t}$$

La solución general es:

$$\boxed{y(t) = C_1 e^{\lambda_1 t} + \dots\dots + C_n e^{\lambda_n t}}$$

2- Todas diferentes, pero alguna compleja.

$$\left\{\begin{array}{l} \lambda = \alpha + i\beta \longrightarrow e^{(\alpha+i\beta)t} \\ \lambda^* = \alpha + i\beta \longrightarrow e^{(\alpha-i\beta)}t \end{array}\right\} \begin{array}{l} \rightarrow \boxed{Re\left[e^{(\alpha+i\beta)t}\right]} = Re[e^{\alpha t}(\cos\beta t + isen\,\beta t)] = \boxed{e^{\alpha t}\cos\beta t} \\ \boxed{Im\left[e^{(\alpha+i\beta)t}\right]} = Im[e^{\alpha t}(\cos\beta t + isen\,\beta t)] = \boxed{e^{\alpha t} sen\,\beta t} \end{array}$$

3- Hay alguna raíz múltiple. $\lambda_1 = \lambda_2 = \lambda_3;\ \lambda_1;\ m = 3$

$$\begin{cases} e^{\lambda_1 t} \\ te^{\lambda_1 t} \\ t^2 e^{\lambda_1 t} \end{cases}$$

32- $y'' = -y$

$$\lambda^2 = -1 \Rightarrow \lambda = \sqrt{-1} = \pm i$$

Tenemos dos soluciones del tipo:

$$\left\{e^{it}, e^{-it}\right\}$$

Buscamos soluciones reales:

$$Re\left[e^{it}\right] = \cos t$$
$$Im\left[e^{it}\right] = sen\,t$$

$$y(t) = A\cos t + B\,sen\,t$$

$$\left.\begin{array}{r} y(0) = 0 \\ y'(0) = 1 \end{array}\right\} \left.\begin{array}{l} A + 0 = 0 \\ 0 + B = 1 \end{array}\right\} \Rightarrow \boxed{y_p(t) = sen\,t}$$

33- $y''' - y = 0$

$$n = 3$$

Buscamos soluciones de la forma: $y = e^{\lambda t}$

$$\lambda^3 - 1 = 0 \Rightarrow \lambda^3 = 1 \Rightarrow \lambda = \sqrt[3]{1} = \begin{cases} 1 \\ e^{\frac{2\pi}{3}i} = \cos\dfrac{2\pi}{3} + isen\,\dfrac{2\pi}{3} = -\dfrac{1}{2} + i\dfrac{\sqrt{3}}{2} \\ e^{\frac{4\pi}{3}i} = \cos\dfrac{4\pi}{3} + isen\,\dfrac{4\pi}{3} = -\dfrac{1}{2} - i\dfrac{\sqrt{3}}{2} \end{cases}$$

$$(\lambda^3 - 1) = (\lambda - 1)\left(\lambda - \left(-\frac{1}{2} + i\frac{\sqrt{3}}{2}\right)\right)\left(\lambda - \left(-\frac{1}{2} - i\frac{\sqrt{3}}{2}\right)\right)$$

$$\left.\begin{aligned} y_1 &= e^t \\ y_2 &= e^{\left(-\frac{1}{2}+i\frac{\sqrt{3}}{2}\right)t} \\ y_3 &= e^{\left(-\frac{1}{2}-i\frac{\sqrt{3}}{2}\right)t} \end{aligned}\right\} y_2 = e^{-\frac{1}{2}t}\left(\cos\frac{\sqrt{3}}{2}t + +sen\ \frac{\sqrt{3}}{2}t\right)$$

$$Re[y_2] = e^{-\frac{1}{2}t}\cos\frac{\sqrt{3}}{2}t$$

$$Im[y_2] = e^{-\frac{1}{2}t}\operatorname{sen}\frac{\sqrt{3}}{2}t$$

Luego, la solución a nuestra ecuación diferencial es:

$$\boxed{y = Ae^t + Be^{-\frac{1}{2}t}\cos\frac{\sqrt{3}}{2}t + Ce^{-\frac{1}{2}t}\operatorname{sen}\frac{\sqrt{3}}{2}t}$$

34- $y''' + 3y'' + 3y' + y = 0$

$$n = 3$$

Buscamos soluciones de la forma: $y = e^{\lambda t}$

$$\lambda^3 + 3\lambda^2 + 3\lambda + 1 = 0$$

Aplicamos Ruffini para hallar las raíces de la ecuación anterior:

$$(\lambda + 1)(\lambda + 1)(\lambda + 1) = (\lambda + 1)^3 \Rightarrow \begin{cases} \lambda = -1 \\ m = 3 \end{cases}$$

Las soluciones de la ecuación son:

$$\begin{cases} y_1 = e^{-t} \\ y_2 = te^{-t} \\ y_3 = t^2e^{-t} \end{cases}$$

$$\boxed{y = Ae^{-t} + Bte^{-t} + Ct^2e^{-t}}$$

2.6. Ecuaciones diferenciales de orden n inhomogéneas

Sea $y(t)$

$$\frac{d^n}{dt^n}y(t) + a_1(t)\frac{d^{n-1}}{dt^{n-1}}y(t) + \cdots\cdots\cdots + a_1(t)y(t) = b(t)$$

Los coeficientes $a_{ij}(t)$ dependen sólo de la variable independiente t.

$$y^n(t) + a_1(t)y^{n-1}(t) + \cdots\cdots + a_{n-1}(t)y(t) + a_n(t)y(t) = b(t) \Rightarrow$$

$$y^{(n)} = -a_1(t)y^{n-1}(t) + \cdots\cdots + a_{n-1}(t)y'^{(t)} + a_n(t)y(t) + b(t)$$

Pasamos la ecuación diferencial lineal de orden n a un sistema lineal de n ecuaciones de primer orden inhomogéneo.

$$y(t) \rightarrow \left\{ \begin{array}{c} y(t) = x_1(t) \\ y'(t) = x_2(t) \\ \vdots \\ \vdots \\ y^{(n-2)}(t) = x_{n-1}(t) \\ y^{(n-1)}(t) = x_n(t) \end{array} \right\}$$

$$\rightarrow \left. \begin{array}{c} x_1'(t) = x_2(t) \\ x_2'(t) = x_3(t) \\ \vdots \\ \vdots \\ x_{n-1}'(t) = x_n(t) \\ x_n'(t) = -a_1(t)x_n(t) + -a_2(t)x_{n-1}(t) - \cdots - a_n(t)x_1(t) + b(t) \end{array} \right\}$$

Es decir, $\bar{X}'(t) = \boldsymbol{A}(t)\bar{X}(t) + \bar{b}(t)$ con

$$\bar{b}(t) = \begin{pmatrix} 0 \\ 0 \\ \vdots \\ b(t) \end{pmatrix}$$

2.6.1. Propiedades de las ecuaciones lineales de orden n inhomogéneas

Estas propiedades son las mismas que las de un sistema lineal inhomogéneo.

$$\boxed{y(t) = y_{(p)}(t) + C_1 y_{(1)}(t) + \cdots\cdots\cdots + C_n y_{(n)}(t)}$$

El término $y_{(p)}(t)$ es la solución particular de la ecuación inhomogénea, mientras que el término $C_1 y_{(1)}(t) + \cdots\cdots\cdots + C_n y_{(n)}(t)$ es la solución general de la ecuación homogénea.

2.6.2. ¿Cómo hallar $y_{(p)}(t)$?

1. Método de la variación de las constantes.

a) Primero calculamos la solución general de la ecuación homogénea.

$$y_{(h)}(t) = C_1 y_{(1)}(t) + \cdots\cdots\cdots + C_n y_{(n)}(t)$$

b) Calculamos la solución particular $y_{(p)}$ de la ecuación inhomogénea.

$$y_{(p)}(t) = C_1 y_{(1)}(t) + \cdots\cdots\cdots + C_n y_{(n)}(t)$$

Transformamos la ecuación en un sistema lineal inhomogéneo de la forma:

$$\bar{X}_{(p)}(t) = C_1(t)\bar{X}_{(1)}(t) + \cdots\cdots\cdots + C_n \bar{X}_{(n)}(t)$$

Ese sistema de ecuaciones podemos resolverlo empleando la **Regla de Cramer:**

$$\boxed{\begin{array}{l} C_1'(t) = \dfrac{|\bar{b}_{\mathbf{1}}, \bar{X}_2(t), \cdots \bar{X}_n(t)|}{|\bar{X}_1(t), \bar{X}_2(t), \cdots \bar{X}_n(t)|} \\ C_2'(t) = \dfrac{|\bar{X}_1(t), \bar{b}_{\mathbf{2}}, \cdots \bar{X}_n(t)|}{|\bar{X}_1(t), \bar{X}_2(t), \cdots \bar{X}_n(t)|} \\ \cdots\cdots\cdots\cdots\cdots\cdots\cdots\cdots\cdots\cdots \\ \cdots\cdots\cdots\cdots\cdots\cdots\cdots\cdots\cdots\cdots \\ C_n'(t) = \dfrac{|\bar{X}_1(t), \bar{X}_2(t), \cdots \bar{b}_n|}{|\bar{X}_1(t), \bar{X}_2(t), \cdots \bar{X}_n(t)|} \end{array}}$$

$$\begin{cases} y_1 \longrightarrow \bar{X}_1 = \begin{pmatrix} y_1 \\ y_1' \\ \vdots \\ y_1^{n-1} \end{pmatrix} \\ \qquad\quad \vdots \\ y_n \longrightarrow \bar{X}_1 = \begin{pmatrix} y_n \\ y_n' \\ \vdots \\ y_n^{n-1} \end{pmatrix} \\ \qquad\quad \vdots \\ \qquad \bar{b} = \begin{pmatrix} 0 \\ 0 \\ \vdots \\ b(t) \end{pmatrix} \end{cases}$$

35- $y'' - y = e^t$

a) Ecuación homogénea

$$y'' - y = 0; \quad y = e^{\lambda t}$$

$$\lambda^2 - 1 = 0 \to \lambda^2 = 1 \Rightarrow \lambda = \pm 1 \Rightarrow \{y_1(t) = e^{\lambda t}, y_2(t) = e^{-\lambda t}\}$$

$$\boxed{y_h(t) = C_1 e^t + C_2 e^{-t}}$$

b) $y_{(p)}(t) = C_1 e^t + C_2 e^{-t}$

$$\bar{X}_1 = \begin{pmatrix} e^t \\ e^t \end{pmatrix} \qquad C_1'(t) = \frac{\begin{vmatrix} 0 & e^{-t} \\ e^t & -e^{-t} \end{vmatrix}}{\begin{vmatrix} e^t & e^{-t} \\ e^t & -e^{-t} \end{vmatrix}} = \frac{-1}{-2} = \frac{1}{2} \Rightarrow C_1 = \frac{1}{2}t + C$$

$$\bar{X}_2 = \begin{pmatrix} e^{-t} \\ -e^{-t} \end{pmatrix}$$

$$b = \begin{pmatrix} 0 \\ e^t \end{pmatrix} \qquad C_2'(t) = \frac{\begin{vmatrix} e^t & 0 \\ e^t & e^t \end{vmatrix}}{\begin{vmatrix} e^t & e^{-t} \\ e^t & -e^{-t} \end{vmatrix}} = \frac{1}{2}e^{2t} \Rightarrow C_2 = -\frac{1}{4}e^{2t} + C$$

$$\boxed{y_{(p)}(t) = \left(\frac{1}{2}t\right)e^t + \left(-\frac{1}{4}e^{2t}\right)e^{-t} = \frac{1}{2}te^t - \frac{1}{4}e^t}$$

$$\boxed{y(t) = y_{(p)}(t) + y_h(t) = \frac{1}{2}te^t - \frac{1}{4}e^t + C_1 e^t + C_2 e^{-t}}$$

2. Coeficientes indeterminados

Sólo se aplica o se puede aplicar cuando:

$$b(t) \begin{cases} t^n \\ e^{\alpha t} \\ \cos \beta t, sen\ \beta t \\ ó\ combinaciones\ lineales\ de\ productos \end{cases}$$

Funciones: al derivar sucesivamente, o bien se anula la función, o bien se repite.

36- $y'' + 4y = sen\ 2t$

1. Ecuación homogénea.

$$y'' + 4y = 0; \; y = e^{\lambda t}$$

$$\lambda^2 + 4 = 0 \to \lambda^2 = -4 \Rightarrow \lambda = \pm\sqrt{-4} = \pm 2i$$

$$\{e^{2it}, e^{-2it}\}; \; \{Re[e^{2it}], Im[e^{2it}]\} \longrightarrow \{\cos 2t, sen\ 2t\} \longrightarrow (\cos 2t + i\ sen\ 2t)$$

2. Solución particular de la inhomogénea

$$¿y_{(p)}? \to Coeficientes\begin{cases} sen\, 2t \\ 2\cos 2t \\ -4sen\, 2t \to est\ término\ se\ repite\ y\ no\ nos\ sirve \end{cases}$$

$$y_{(p)} = (A\, sen\, 2t + B\cos 2t)$$

Hay que comprobar que estas soluciones no estén incluidas en la solución homogénea y, por ello hacemos:

$$y_{(p)} = t^p(A\, sen\, 2t + B\cos 2t)$$

Tomamos $p = 1$

$$y_p = Atsen\, 2t + Btcos\, 2t$$
$$y_p' = A(sen\, 2t + 2t\cos 2t) + B(\cos 2t - 2tsen\, 2t)$$
$$y_p'' = A(2\cos 2t + 2\cos 2t - 4tsen\, 2t) + B(-2sen\, t - 2sen\, 2t - 4t\cos 2t) + 4Atsen\, t + 4Bt\cos t$$

Resolviendo, nos queda:

$$4A\cos 2t - 4B\, sen\, 2t = sen\, 2t \Rightarrow \begin{cases} B = -\frac{1}{4} \\ A = 0 \end{cases}$$

Luego:

$$\boxed{y_p = -\frac{1}{4}t\cos 2t}$$

37-Resolver $(y^4 - 2xy)dx + 3x^2dy$

$$\left.\begin{matrix} M = y^4 - 2xy \\ N = 3x^2 \end{matrix}\right\}$$

$$\left.\begin{matrix} M_y = 4y^3 - 2x \\ N_x = 6x \end{matrix}\right\} \to M_y \neq N_x; luego\ la\ ecuación\ diferencial\ no\ es\ exacta$$

Sea el factor integrante: $\mu = f(x) - g(y)$

$$\frac{N_x - M_y}{M} \Rightarrow \frac{4y^3 - 8x}{y^4 - 2xy} = \frac{-4(y^3 - 2x)}{y(y^3 - 2x)} = \frac{-4}{y}$$

$$\mu_y = e^{4\int \frac{1}{y}dy} = e^{-4\ln x} \Rightarrow \mu = \frac{1}{y^4}$$

Multiplicando la ecuación diferencial por el factor integrante, nos queda:

$$\left(1-\frac{2x}{y^3}\right)dx+\frac{3x^2}{y^4}dy=0$$

$$\left.\begin{array}{l} M_y=\frac{6x}{y} \\ N_x=\frac{6x}{y} \end{array}\right\} \rightarrow M_y=N_x; luego\ es\ una\ ecuación\ diferencial\ exacta$$

$$\frac{\partial \phi}{\partial x}=1-\frac{2x}{y^3} \Rightarrow \boxed{\phi_{(x,y)}=-\frac{x^2}{y^3}+x+C}$$

38-Resolver $(2x^2+y)dx+(x^2y-x)dy$

$$\left.\begin{array}{l} M=2x^2+y \\ N=x^2y-x \end{array}\right\}$$

$$\left.\begin{array}{l} M_y=1 \\ N_x=2xy-1 \end{array}\right\} \rightarrow M_y \neq N_x; luego\ la\ ecuación\ diferencial\ no\ es\ exacta$$

Sea el factor integrante: $\mu=f(x)-g(y)$

$$\frac{N_x-M_y}{N} \Rightarrow \frac{1-2xy+1}{x^2y-x}=\frac{-2(xy-1)}{x(xy-1)}=\frac{-2}{x}=-2\ln x$$

$$\mu_x=e^{-2\int\frac{1}{x}dx}=e^{-2\ln x}=x^{-2} \Rightarrow \mu=\frac{1}{x^2}$$

Multiplicando la ecuación diferencial por el **factor integrante,** nos queda:

$$\left(2+\frac{y}{x^2}\right)dx+\left(y-\frac{1}{x}\right)dy=0$$

$$\left.\begin{array}{l} M_y=\frac{1}{x^2} \\ N_x=\frac{1}{x^2} \end{array}\right\} \rightarrow M_y=N_x; luego\ la\ ecuación\ diferencial\ es\ exacta$$

$$\frac{\partial \phi}{\partial x}=2+\frac{y}{x^2}$$

$$\frac{\partial \phi}{\partial y}=\left(y-\frac{1}{x}\right) \rightarrow \int\left(y-\frac{1}{x}\right)dy \Rightarrow \phi=\frac{y^2}{2}-\frac{1}{x}y+C(x)$$

$$\phi'_{(x)}=\frac{y}{x^2}+C'_{(x)}=2+\frac{y}{x^2} \Rightarrow C'_{(x)}=2 \Rightarrow C'_{(x)}=2x+C$$

$$\boxed{\phi_{(x,y)} = \frac{y^2}{2} - \frac{y}{x} + 2x + C}$$

39- Resolver el siguiente sistema de ecuaciones diferenciales:

$$\bar{x}_1'(t) = \bar{x}_1(t)$$
$$\bar{x}_1'(t) = \overline{2x_2}(t) + e^t$$

Primero escribimos el sistema en notación matricial:

$$\bar{x}'(t) = \begin{pmatrix} 1 & 0 \\ 0 & 2 \end{pmatrix} \bar{x} + \begin{pmatrix} 0 \\ e^t \end{pmatrix}$$

1. Valores propios:

$$\lambda_1 = 1;\ V_1 = \begin{pmatrix} 1 \\ 0 \end{pmatrix} \Rightarrow x_1(t) = e^t \begin{pmatrix} 1 \\ 0 \end{pmatrix}$$
$$\lambda_2 = 1;\ V_2 = \begin{pmatrix} 0 \\ 1 \end{pmatrix} \Rightarrow x_2(t) = e^{2t} \begin{pmatrix} 0 \\ 1 \end{pmatrix}$$

2. Solución particular:

$$\bar{x}_p = C_1 \bar{x}_1(t) + C_2(t) \begin{pmatrix} e^t \\ 0 \end{pmatrix} + C_2(t) \bar{x}_2(t) \begin{pmatrix} 0 \\ e^{2t} \end{pmatrix}$$

$$C_1'(t) = \frac{\begin{vmatrix} 0 & 0 \\ e^t & e^{2t} \end{vmatrix}}{\begin{vmatrix} e^t & 0 \\ 0 & e^{2t} \end{vmatrix}} = 0 \Rightarrow C_1 = C = 0$$

$$C_2'(t) = \frac{\begin{vmatrix} e^t & 0 \\ 0 & e^t \end{vmatrix}}{\begin{vmatrix} e^t & 0 \\ 0 & e^{2t} \end{vmatrix}} = \frac{e^{2t}}{e^{3t}} = e^{-t} \Rightarrow C_2 = -e^{-t} + C$$

$$\boxed{y_{(p)}(t) = -e^{-t} \begin{pmatrix} e^t \\ 0 \end{pmatrix} - e^{-t} \begin{pmatrix} 0 \\ e^{2t} \end{pmatrix}}$$

$$y(t) = y_{(p)}(t) + y_h(t) = e^t + e^{2t} - e^{-t} \begin{pmatrix} e^t \\ 0 \end{pmatrix} - e^{-t} \begin{pmatrix} 0 \\ e^{2t} \end{pmatrix}$$

40- Resolver $(y^2 e^x y^2 + 4x^3)dx + (2xye^{xy^2} - 3y^2)dy = 0$

$$\left.\begin{aligned} \frac{\partial M}{\partial y} &= 2ye^{xy^2} + 2y^3 x e^{xy^2} \\ \frac{\partial M}{\partial x} &= 2ye^{xy^2} + 2xy^3 e^{xy^2} \end{aligned}\right\} M_y = N_x$$

$$\Rightarrow es\ una\ ecuación\ diferencial\ exacta$$

$$\phi_{(x,y)} = \int^{x} (y^2 e^x y^2 + 4x^3)dx = e^{xy^2} + x^4 + \phi_{(y)}$$

$$\frac{\partial \phi}{\partial y} = 2yxe^{xy^2} + \phi'_{(y)} = 2xye^{xy^2} - 3y^2 \Rightarrow \phi'_{(y)} = -3y^2 \Rightarrow \phi_{(y)} = -y^3 + C$$

$$\boxed{\phi_{(x,y)} = e^{xy^2} + x^4 - y^3 + C}$$

41- Resolver la siguiente ecuación diferencial $y' = \frac{-x}{y}$

$$\frac{dy}{dx} = \frac{-x}{y} \Rightarrow ydy = -xdx \Rightarrow \int ydy = \int -xdx \Rightarrow y^2 = -x^2 + C$$

$$y = \pm\sqrt{C - x^2} \Longrightarrow \boxed{C = y^2 + x^2}$$

42- Resolver la siguiente ecuación diferencial $y' = \frac{2x}{y}$

$$\frac{dy}{dx} = \frac{2x}{y} \Rightarrow ydy = 2xdx \Rightarrow \int ydy = 2\int xdx \Rightarrow \frac{y^2}{2} = \frac{2x^2}{2} + C$$

$$y = \pm\sqrt{2x^2 + C} \Longrightarrow \boxed{C = y^2 - 2x^2}$$

43- Resolver $y' = \frac{x^2 - xy + y^2}{xy}$

$$y' = \frac{1 - \frac{y}{x} + \left(\frac{y}{x}\right)^2}{\frac{y}{x}}$$

Hacemos el cambio de variable $v = \frac{y}{x} \Rightarrow y = vx \Rightarrow v' = v'x + v$

$$v'x + v = \frac{1 - v - v^2}{v} \Rightarrow v'x = \frac{1 - v - v^2}{v} - v \Rightarrow \frac{dv}{dx}x = \frac{1 - v}{v} \Rightarrow \frac{x}{dx} = \frac{1 - v}{vdv}\frac{x}{dx} = \frac{1 - v}{vdv}$$

$$\frac{dx}{x} = \frac{vdv}{1 - v} \Rightarrow \int \frac{dx}{x} = \int \frac{v}{1 - v}dv = -\int dv + \int \frac{1}{-v + 1}dv = \boxed{-v - \ln|-v + 1| + c}$$

$$\ln|\,x| = -v - \ln|-v + 1| + c \Rightarrow x = e^{-v} - (v + 1)K$$

$$\boxed{x = e^{-\frac{y}{x}} - \left(\frac{y}{x} + 1\right) K}$$

44- Resolver $xy' - 4y = x^3$

Vemos que es de la forma: $y' = P_{(x)}y + Q_{(x)}$, luego es una ecuación lineal.

$$xy' = 4y + x^3 \Rightarrow y' = \frac{4y}{x} + x^2$$

1. Ecuación homogénea

$$y' = \frac{4y}{x} \Rightarrow \frac{dy}{dx} = \frac{4y}{x} \Rightarrow \frac{1}{y} = \frac{4}{x} dx$$
$$\Rightarrow \int \frac{1}{y} dy = \int \frac{4}{x} dx \Rightarrow \ln|y| = 4\ln|x| + \ln|K|$$

$$\boxed{y = Kx^4}$$

2. Ecuación inhomogénea

$$y = K(x)x^4$$

$$(K(x)x^4)' = \frac{4}{x} Kx^4 + 8x \Rightarrow (K(x)x^4)' = 4Kx^3 + 8x \Rightarrow K'(x)x^4 + 4x^3K(x)$$
$$= 4x^3K(x) + 8x$$

$$K'(x)x^4 = 8x \Rightarrow K'(x) = \frac{8}{x^3} \Rightarrow K(x) = \frac{4}{x^2} + C \Rightarrow y = \frac{4}{x^2}x^4 + C \Rightarrow$$

$$\boxed{y = 4x^2 + C}$$

45- Calcular la solución de la siguiente ecuación diferencial $(x + \ln y)y' = 1$

$(x + \ln y)dy - 1dx = 0 \rightarrow$ Suponemos que es exacta.

$\frac{\partial N}{\partial x} = 1;\ \frac{\partial M}{\partial y} = 0$. En principio no es exacta y hay que buscar un factor integrante.

$$\frac{1}{\mu}\frac{\partial \mu}{\partial y} = \frac{N_x - M_y}{M} = g(x) = \frac{1-0}{1} = -1 \Rightarrow \frac{d\mu}{\mu} = -dy \Rightarrow \ln \mu = -y \Rightarrow \mu$$
$$= e^{-y}$$

Multiplicando la ecuación diferencial inicial por el factor integrante, nos queda:

$$(e^{-y}x + e^{-y}\ln y)dy - e^{-y}dx = 0$$

$$\left.\begin{matrix} M_y = -e^{-y} \\ N_x = -e^{-y} \end{matrix}\right\} Ahora\ ya\ es\ una\ ecuación\ diferencial\ exacta$$

$$f_{(x,y)} = \int e^{-y}dx = -e^{-y}x + \phi_{(y)}$$

$$\int \frac{\partial f}{\partial x} = e^{-y}x + e^{-y}\ln y = \frac{d - e^{-y}x}{dy} + \frac{d\phi_{(y)}}{dy} = e^{-y}x + \frac{d\phi_{(y)}}{dy} = \frac{d\phi_{(y)}}{dy}$$
$$= e^{-y}\ln y$$

$$\phi_{(y)} = \int e^{-y}\ln y\, dy$$

$$\boxed{f_{(x,y)} = -e^{-y}x + \int e^{-y}\ln y\, dy}$$

46- Calcular la solución de la siguiente ecuación diferencial $xyy' = (y^2+1)^{\frac{1}{2}}$

$$\frac{dy}{dx} = \left(\frac{y^2+1}{(xy)^2}\right)^{\frac{1}{2}} \Rightarrow \int \frac{ydy}{\sqrt{y^2+1}} = \int \frac{dx}{x} \Rightarrow (y^2+1)^{\frac{1}{2}} = \ln x + \ln x = \ln Kx$$

$$y^2 + 1 = (\ln Kx)^2 \Rightarrow y = [(\ln Kx)^2 - 1]^{\frac{1}{2}}$$

47- Resolver $y' = (x+y) = x - y$

$y' = \frac{x-y}{x+y}$; vemos que es una función homogénea de grado cero.

$$y' = \frac{1 - \frac{y}{x}}{1 + \frac{y}{x}}$$

Hacemos es cambio de variable: $v = \frac{y}{x} \Rightarrow y = vx \Rightarrow y' = v'x + v$; luego nos queda:

$$v'x+v=\frac{1-v}{1+v}\Rightarrow v'x=\frac{1-v}{1+v}-v\Rightarrow\frac{dv}{dx}x=\frac{1-v-v^2-v}{1+v}\Rightarrow\frac{x}{dx}$$
$$=\frac{1-2v-v^2}{(1+v)dv}$$

$$\frac{dx}{x}=\frac{1+v}{1-2v-v^2}dv$$

$$\Rightarrow\int\frac{dx}{x}$$
$$=\int\frac{1+v}{1-2v-v^2}dv\Rightarrow\ln|x|+C=-\frac{1}{2}\ln|-v^2-2v+1|\Rightarrow$$

$$-2\ln|x|+C=\ln|-v^2-2v+1|\Rightarrow(-v^2-2v+1)=Kx^{-2}\Rightarrow K$$
$$=(-v^2-2v+1)x^2\Rightarrow$$

$$K=\left(\frac{-y^2}{x^2}-\frac{2y}{x}+1\right)x^2\Rightarrow\boxed{K=-y^2-2yx+x^2}$$

48- Resolver $y'=xy^2+2xy$

Es una ecuación de Bernoulli.

Luego: $\frac{1}{y^2}y'=x+2x\frac{1}{y}$

$$\left.\begin{matrix}\frac{1}{y}=v\\ -\frac{1}{y^2}y'\end{matrix}\right\}\Rightarrow -v=2xv+x\Rightarrow -v-2xv+x$$
$$=0,\mathit{que\ ya\ es\ una\ ecuación\ lineal.}$$

$$v=K(x)e^{-x^2}\Rightarrow v'=K'(x)e^{-x^2}-2xK(x)e^{-x^2}$$
$$\Rightarrow -K'e^{-x^2}+2xKe^{-x^2}-2xKe^{-x^2}=x\Rightarrow$$

$$K'=-xe^{x^2}\Rightarrow\int -xe^{x^2}dx=-\frac{1}{2}e^{x^2}+C\Rightarrow$$

$$\boxed{y=\frac{2}{2Ce^{-x^2}-1}}$$

49- Resolver $xy'-y=(x^2-y^2)^{\frac{1}{2}}$

$$y'=\left(1-\frac{y^2}{x^2}\right)^{\frac{1}{2}}+\frac{y}{x}$$

$$\left.\begin{array}{l} y = vx \\ y' = v'x + v \end{array}\right\} \Rightarrow v'x + v - v = (1 - v^2)^{\frac{1}{2}} \Rightarrow \int \frac{dv}{(1 - v^2)^{\frac{1}{2}}} = \int \frac{dx}{x} \Rightarrow$$

$$|\ln|x|| + \ln K = arcsen\, \theta \Rightarrow \boxed{\ln|x| = arcsen\, \frac{y}{x} + C}$$

50- Resolver $x(y' - x\cos x) = y$

$$y' = \frac{y}{x} + x\cos x \Rightarrow y' = \frac{y}{x} = 0 \Rightarrow \; y_{hom} = Cx$$

$$C'(x)x = x\cos x \Rightarrow C'(x) = \int \cos x dx = sen\, x + C \Rightarrow$$

$$\boxed{y(x) = [sen\, x + c]x}$$

51- $y'(x + y) = y - x$

$$y' = \frac{y - x}{x + y} \Rightarrow y' = \frac{\frac{y}{x} - 1}{1 + \frac{y}{x}}$$

$$\left.\begin{array}{l} \frac{y}{x} = v \\ y = xv \Rightarrow y' = v'x + v \end{array}\right\} \Rightarrow v'x + v = \frac{v - 1}{1 + v} \Rightarrow v'x = \frac{v - 1}{1 + v} - v$$

$$\frac{dv}{dx}x = \frac{v - 1 - v - v^2}{1 + v} \Rightarrow \frac{x}{dx} = \frac{-1 - v^2}{1 + v} \Rightarrow \frac{dx}{x} = \frac{1 + v}{v^2 + 1}$$

$$\int \frac{1 + v}{v^2 + 1} dv = \int \frac{\frac{1}{2}(2v) + 1}{v^2 + 1} dv = \frac{1}{2}\int \frac{2v}{v^2 + 1} + \int \frac{1}{v^2 + 1} dv$$
$$= \frac{1}{2}\ln|v^2 + 1| + arctg(v^2 + 1) + C$$

$$\ln|x| + C = \frac{1}{2}\ln\left|\frac{y^2}{x^2} + 1\right| + arctg\left(\frac{y^2}{x^2} + 1\right) \Rightarrow C$$
$$= \frac{1}{2}\ln\left|\frac{y^2}{x^2} + 1\right| + arctg\left(\frac{y^2}{x^2} + 1\right) - \ln|x|$$

52- Resolver $(3x + y - 3)y' = y - x + 2$

$$y' = \frac{y - x + 2}{3x + y - 3}$$

$$\left.\begin{matrix} y-x+2=0 \\ 3x+y-3=0 \end{matrix}\right\} \left.\begin{matrix} x-y-2=0 \\ 3x+y-3=0 \end{matrix}\right\} \Rightarrow \begin{matrix} x=\dfrac{5}{4} \\ y=-\dfrac{3}{4} \end{matrix}$$

$$\left.\begin{matrix} Y=y+\dfrac{3}{4} \\ X=x-\dfrac{5}{4} \end{matrix}\right\} \Rightarrow Y'=\frac{Y-X}{3X+Y}$$

$$v'x+v=\frac{v-1}{3+v} \Rightarrow v'x=\frac{v-1}{3+v}-v \Rightarrow \frac{dv}{dx}=\frac{v-1-3v-v^2}{3+v} \Rightarrow$$

$$\frac{x}{dx}=\frac{1-2v-v^2}{(3+v)dv} \Rightarrow \frac{dx}{x}=\frac{3+v}{v^2+2v+1}$$

$$\int \frac{3+v}{v^2+2v+1}dv=\int \frac{\frac{1}{2}(2v+2)+2}{v^2+2v+1}dv=\frac{1}{2}\int \frac{2v+2}{v^2+2v+1}dv$$
$$+2\int \frac{dv}{(v+1)^2}=$$

$$\frac{1}{2}\ln|v^2+2v+1|-\frac{2}{v+1}+C \Rightarrow C=\frac{1}{2}\ln|v^2+2v+1|-\frac{2}{v+1}-\ln|x|$$

$$C=\frac{1}{2}\ln\left|\frac{Y^2}{X^2}+2\frac{Y}{X}+1\right|-\frac{2}{\frac{Y}{X}}+1-\ln|x| \Rightarrow$$

$$\boxed{C=\frac{1}{2}\ln\left|\frac{\left(y+\frac{3}{4}\right)^2}{\left(x-\frac{5}{4}\right)^2}+2\frac{\left(y+\frac{3}{4}\right)}{\left(x-\frac{5}{4}\right)}+1\right|-\frac{2}{\frac{\left(y+\frac{3}{4}\right)}{\left(x-\frac{5}{4}\right)}+1}-\ln\left|x-\frac{5}{4}\right|}$$

53- Resolver $xy'-4y=x^3$

$$y'=x^2+4\frac{y}{x}$$

Vemos que se trata de una **ecuación lineal.**

1. $y'=4\frac{y}{x};\ y=Ke^{\int\frac{4}{x}dx}=Ke^{lnx}=\boxed{Kx^4}$

2. $y = K(x)x^4 \rightarrow [K(x)x^4]' = \frac{4}{x}[K(x)x^4] + x^2 \Rightarrow K'(x)x^4 + 4x^3[K(x)] = 4x^3[K(x)] + x^2$

$$K'(x) = \frac{1}{x^2} \Rightarrow K(x) = -\frac{1}{x}x^4 + C \Rightarrow \boxed{y = -x^3 + C}$$

54- Resolver $x^2y' + 2xy = y^3$

$$x^2y' = y^3 - 2xy$$

$$y' = \frac{y^3}{x^2} - 2xy$$

Vemos que es una ecuación de **Bernoulli**

$$\frac{y'}{y^3} = \frac{1}{x^2} - \frac{2}{x}\frac{1}{y^2}$$

$$\left.\begin{array}{l} \frac{1}{y^2} = v \\ v' = 2y^{-1}y' \end{array}\right\} \Rightarrow \frac{-1}{2}v' = -\frac{2}{x}v + \frac{1}{x^2} \Rightarrow v' = \frac{4}{x}v - \frac{2}{x^2}$$

1. $v' = \frac{4}{x}v; v = Ke^{\int \frac{4}{x}dx} = Ke^{lnx^4} = Kx^4 \Rightarrow \boxed{v = Kx^4}$

2. $v = K(x)x^4 \longrightarrow K'(x)x^4 = \frac{4}{x}K(x)x^4 - \frac{2}{x^2}$

$$K'(x)x^4 + 4x^3K(x) = 4Kx^3 - \frac{2}{x^2} \Rightarrow K'(x) = -\frac{2}{x^6} \Rightarrow K(x) = \frac{2}{5x^5} + C \Rightarrow v = \frac{2}{5x^5}x^4 + C$$

$$\frac{1}{y^2} = \frac{2}{5x} \Rightarrow \boxed{y = \sqrt{\frac{5x}{2} + C}}$$

55- Resolver $(3x^2 + y^2)y' + 3xy = 0$

Operando, nos queda:

$$(3xy)dx + (3x^2 + y^2)dy = 0$$

$$\left.\begin{array}{l}3xy = M \\ 3x^2 + y^2 = N\end{array}\right\}$$

$$\left.\begin{array}{l}M_y = 3x \\ N_x = 6x\end{array}\right\} M_y$$

$\neq N_x, luego\ no\ es\ exacta, aunque\ podemos\ buscar\ un\ factor\ integrante$

$$\frac{\mu(y)}{\mu} = \frac{M_y - N_x}{N} = \frac{3x}{3xy} = \frac{1}{y} \Rightarrow \mu(y) = e^{\int \frac{1}{y} dy} \Rightarrow \mu(y) = e^{\ln y} = y$$

Multiplicando por y a toda la ecuación diferencial, tenemos:

$$(3xy^2)dx + (3yx^2 + y^3)dy = 0$$

$$\left.\begin{array}{l}M_y = 6xy \\ N_x = 6xy\end{array}\right\} M_y = N_x, luego\ es\ una\ ecuación\ diferencial\ exacta$$

$$\left\{\begin{array}{l}\frac{\partial \phi}{\partial x} = 3xy^2 \\ \frac{\partial \phi}{\partial y} \Rightarrow 3xy^2 + y^3 \Rightarrow \phi_{(x,y)} = \frac{3}{2}x^2y^2 + \frac{1}{4}y^4 + C(x)\end{array}\right.$$

$$\frac{\partial \phi}{\partial x} = \frac{3}{2}(2)xy^2 + C'(x) = 3xy^2 \Rightarrow C'(x) = 0 \Rightarrow C'(x) = K$$

$$\boxed{\phi_{(x,y)} = \frac{3}{2}x^2y^2 + \frac{1}{4}y^4 + K = 0}$$

56- Resolver $xy' + (x^2+y^2)^{\frac{1}{2}} = y$

$xy' = y - (x^2+y^2)^{\frac{1}{2}}\ es\ una\ ecuacón\ homogénea\ de\ grado\ cero$

$$y' = \frac{y}{x} - \left(1 + \frac{y^2}{x^2}\right)^{\frac{1}{2}}$$

$$\left.\begin{array}{l}\frac{y}{x} = v \\ v = yx \\ y' = v'x + v\end{array}\right\} \Rightarrow v'x + v = v - (1+v^2)^{\frac{1}{2}}$$

$$\int \frac{dx}{x} = -\int \frac{dv}{(1+v^2)^{\frac{1}{2}}} \Rightarrow \ln|x| + C$$

$$= -\ln\left|v + \sqrt{v^2+1}\right| \Rightarrow Kx = -\left|v + \sqrt{v^2+1}\right| \Rightarrow$$

$$K = \frac{-\left|v + \sqrt{v^2+1}\right|}{x} \Rightarrow \boxed{K = \frac{-\left|\frac{y}{x} + \sqrt{\frac{y}{x}+1}\right|}{x}}$$

57- Resolver $xy' = y + xe^{\frac{y}{x}}$

$$y' = \frac{y}{x} + xe^{\frac{y}{x}}$$

$$\left.\begin{array}{l} y = vx \\ y' = v'x + v \end{array}\right\} \Rightarrow v'x + v = v + e^v$$

$$\frac{dv}{dx}x = e^v \Rightarrow \frac{x}{dx} = \frac{e^v}{dv} \Rightarrow \int \frac{dx}{x} = \int \frac{dv}{e^v} \Rightarrow \ln|x| + C = \frac{1}{-e^v} \Rightarrow$$

$$\boxed{\ln|x| + C = \frac{1}{-e^{\frac{y}{x}}}}$$

58- Resolver $(\cos x - x\cos y)y' = sen\ y + ysen\ x$

$$(\cos x - x\cos y)dy = (sen\ y + ysen\ x)dx$$

$$\left.\begin{array}{l} \cos x - x\cos y = M \\ sen\ y + ysen\ x = N \end{array}\right\}$$

1.

$$\left.\begin{array}{l} M_y = -\cos y - sen\ x \\ N_x = -sen\ x - x\cos y \end{array}\right\} M_y$$
$$= N_x, luego\ es\ una\ ecuación\ diferencial\ exacta$$

2.

$$\begin{cases} \dfrac{\partial \phi}{\partial x} = -sen\, y - ysen\, x \\ \dfrac{\partial \phi}{\partial y} = \cos x - x\cos y \Rightarrow \phi_{(x,y)} = y\cos x - x\,\text{sen}\, y + C(x) \end{cases}$$

$$\frac{\partial \phi}{\partial x} = -ysen\, x - sen\, y + C'(x) \Rightarrow -sen\, y - y\, sen\, x$$
$$= -y\, sen\, x - \cos y + C'(x) = 0 \Rightarrow$$

$$C'(x) = -sen\, y + \cos y \Rightarrow C'(x) = -xsen\, y + x\cos y + C$$

$$\boxed{\phi_{(x,y)} = -y\, sen\, x - \cos y - xsen\, y + x\cos y + C = 0}$$

59- Resolver $\left(y^2 e^{xy^2} + 4x^3\right)dx + \left(2xye^{xy^2} - 3y^2\right)dy = 0$

$$\left.\begin{matrix} M_y = 2ye^{xy^2} + 2xy^3 e^{xy^2} \\ N_x = 2ye^{xy^2} + 2xy^3 e^{xy^2} \end{matrix}\right\} M_y$$
$$= N_x, luego\ es\ una\ ecuación\ diferencial\ exacta$$

$$\phi_{(x,y)} = \int^x \left(y^2 e^{xy^2} + 4x^3\right)dx = e^{xy^2} + x^4 + \phi_{(y)}$$

$$\frac{\partial \phi}{\partial y} = 2yxe^{xy^2} + \phi'_{(y)} = 2yxe^{xy^2} - 3y^2 \Rightarrow \phi'_{(y)} = -3y^2 \Rightarrow \phi_{(y)}$$
$$= -y^3 + C$$

$$\boxed{\phi_{(x,y)} = e^{xy^2} + x^4 - y^3 + C}$$

60- Resolver $y' + 2xy = e^{-x^2}$

Es una ecuación lineal $y' = e^{-x^2} - 2xy$

1. Homogénea

$$y' = -2xy \Rightarrow y = Ke^{-\int 2xdx} = K(x)e^{-x^2} \Rightarrow \boxed{y = K(x)e^{-x^2}}$$

2.

$$\left[K(x)e^{-x^2}\right]' = -2xe^{-x^2} + e^{-x^2} \Rightarrow K'(x)e^{-x^2} - 2xe^{-x^2} = e^{-x^2} - 2xe^{-x^2}$$
$$\Rightarrow$$

$$K'(x) = \frac{e^{-x^2}}{e^{-x^2}} \Rightarrow K(x) = x + C \Rightarrow$$

$$\boxed{y = xe^{-x^2} + C}$$

61- Resolver $y' + 2y\tan x = sen\ x$

Vemos que es una ecuación lineal:

$$y' = sen\ x - 2y\tan x$$

1. Ecuación homogénea

$$y' = -2\tan x; y = K(x)e^{-\int 2ytan\ x} \Rightarrow y = Ke^{2y\ln\cos x} \Rightarrow y = K(x)ycos^2x$$

2.

$$[K(x)ycos^2x]' = -2yK(x)cos^2x + sen\ x$$

$$K'(x)ycos^2x - 2yK(x)cos^2x = -2yK(x)cos^2x + sen\ x \Rightarrow K'(x) = \frac{sen\ x}{cos^2x}$$
$$\Rightarrow K(x) = \frac{1}{\cos x}$$

$$\boxed{y = \cos x + C}$$

62- Resolver $xy' + y = y^2\ln x$

$$xy' = y^2\ln x - y \Rightarrow y' = \frac{y^2}{x}\ln x - yx \Rightarrow \frac{y'}{y^2} = \frac{\ln x}{x} - \frac{x}{y}$$

$$\left.\begin{array}{r} y^{-1} = v \\ v' = -y^{-2} \end{array}\right\} \Rightarrow -v' = \frac{\ln x}{x} - xv \Rightarrow v' = xv - \frac{\ln x}{x}$$

1. Ecuación homogénea

$$v' = xv \Rightarrow v = K(x)e^{\int x dx} = K(x)e^{\frac{x^2}{2}} \Rightarrow \boxed{v = K(x)e^{\frac{x^2}{2}}}$$

2. $K'(x)e^{\frac{x^2}{2}} + xK(x)e^{\frac{x^2}{2}} = -\frac{\ln x}{x} + xK(x)e^{\frac{x^2}{2}} \Rightarrow K'(x)e^{\frac{x^2}{2}} = \frac{\ln x}{x}$

$$K'(x) = \frac{\ln x}{xe^{\frac{x^2}{2}}} \Rightarrow K(x) = \int \frac{\ln x}{xe^{\frac{x^2}{2}}} dx \Rightarrow v = e^{\frac{x^2}{2}} \int \frac{\ln x}{xe^{\frac{x^2}{2}}} dx$$

$$\frac{1}{y} = e^{\frac{x^2}{2}} \int \frac{\ln x}{xe^{\frac{x^2}{2}}} dx \Rightarrow \boxed{y = \frac{1}{e^{\frac{x^2}{2}} \int \frac{\ln x}{xe^{\frac{x^2}{2}}} dx}}$$

63- Resolver $e^x sen\, y + \left(e^x \cos y + \frac{1}{y}\right) y' = 0$

$$\left.\begin{aligned} M &= e^x sen\, y \\ N &= e^x \cos y + \frac{1}{y} \end{aligned}\right\}$$

$$\left.\begin{aligned} M_y &= e^x \cos y \\ N_x &= e^x \cos y \end{aligned}\right\} M_y = N_x, luego\ es\ una\ ecuación\ diferencial\ exacta$$

2.

$$\begin{cases} \dfrac{\partial \phi}{\partial x} = e^x sen\, y - ysen\, x \Rightarrow \phi_{(x,y)} = seny \displaystyle\int e^x dx = e^x sen\, y + C(y) \\ \dfrac{\partial \phi}{\partial y} = e^x \cos y + \dfrac{1}{y} \end{cases}$$

$$\frac{\partial \phi}{\partial y} = e^x \cos y + \frac{1}{y} = e^x \cos y + C'(y) \Rightarrow C'(y) = \frac{1}{y} \Rightarrow C(y) = \ln|y|$$

$$\boxed{e^x sen\, y + \ln|y| = K}$$

3. RESOLUCIÓN DE ECUACIONES DIFERENCIALES EMPLEANDO LA TRANSFORMADA DE LAPLACE.

Sea $f(t)\colon [0,\infty) \longrightarrow \mathbb{R}(\text{ó } \mathbb{C})$. Se define la transformada de Laplace $\mathcal{L}\{f(t)\}$ como:

$\mathcal{L}\{f(t)\} = F(s) = \int_0^\infty e^{-st} f(t)dt, \quad S \in \mathbb{C}.$

Consideraciones generales:

1. $F(s)$ sólo está definida para aquellos $s \in \mathbb{C} / \ F(S)\ existe.$

2. Consideramos funciones de orden exponencial. *f(t)* es de orden exponencial si $\exists A, b \in \mathbb{R},\ A > 0 \ / \ |f(t)| \leq Ae^{bt}, \forall t \in [0,\infty)$.

3. Consideramos **funciones *f(t)*** que en el intervalo $[0, l]$ son **integrables y acotadas.**

Teorema

Sea $f(t)\colon [0,\infty) \longrightarrow \mathbb{R}(\text{ó } \mathbb{C})$ de orden exponencial, acotada e integrable en cualquier intervalo $[0, l]$ y sea $F(s) = \int_0^\infty e^{-st} f(t)dt, \ S \in \mathbb{C}$. Entonces existe un único $\delta_{(f)} \equiv \delta \in \mathbb{R}$ tal que $\int_0^\infty e^{-st} f(t)dt \begin{cases} converge\ si\ Re[S] > \delta \\ diverge\ si\ Re < \delta \end{cases}$. Si $Re[S] = \delta$ no podemos afirmar nada. Además, $F(s)$ es analítica en $A = \{S \in \mathbb{C} \ / Re[S] > \delta\}$ y su derivada vale $\frac{dF(S)}{dS} = \int_0^\infty te^{-st} f(t)dt.$

Sean $f(t)[0,\infty) \longrightarrow \mathbb{R}(\text{ó } \mathbb{C})\ y\ g(t)[0,\infty) \longrightarrow \mathbb{R}(\text{ó } \mathbb{C})$, siendo sus transformadas de Laplace. $\mathcal{L}\{f(t)\}\ y\ \mathcal{L}\{g(t)\}$.

Si tenemos: $\alpha f(t) + \beta g(t), \alpha, \beta \in \mathbb{C}$. Se verifica:

$$\mathcal{L}\{\alpha f(t) + \beta g(t)\} = \alpha \mathcal{L}\{f(t)\} + \beta\ \mathcal{L}\{g(t)\}$$

$$\delta\big(\alpha f(t) + \beta g(t)\big) = max\{\delta(f(t), \delta(g(t))\}$$

Sean $f(t)\ y\ g(t)$ dos funciones continuas, cuyas transformadas de Laplace son: $\mathcal{L}\{f(t)\} = F(s)\ y\ \mathcal{L}\{g(t)\} = G(s)$. Si $f(t) \neq g(t) \longrightarrow F(S) \neq G(S)$

Teorema: Sea $f(t)$ continua y $\exists y_0 > \delta(f(t))$ y sea $F(S) = \mathcal{L}\{f(t)\}$ / $F(S) = 0, Re[S] > y_0 \Rightarrow f(t) = 0, \forall t \in [0, \infty)$.

Corolario: Sean $f(t)\, y\, g(t)$ continuas con transformadas $F(s)\, y\, G(s)$ respectivamente y, además, $\exists y_0 > max\{\delta(f(t)), \delta(g(t))\}$ / $F(S) = G(S), Re[S] > y_0 \longrightarrow f(t) = g(t) \forall t \in [0, \infty)$. Es decir, si $F(S) = G(S) \longrightarrow f(t) = g(t)$.

Dada una $G(S)$ existirá una única $g(t) / \mathcal{L}\{g(t)\} = G(S) \Rightarrow g(t) = \mathcal{L}^{-1}\{g(t)\}$.

3.1. Propiedades de la transformada de Laplace:

1. Linealidad $F(S) = \mathcal{L}\{f(t)\}, G(S) = \mathcal{L}\{g(t)\}$

$$\boxed{\mathcal{L}\{\alpha f(t) + \beta g(t)\} = \alpha \mathcal{L}\{f(t)\} + \beta\, \mathcal{L}\{g(t)\}}$$

$$\boxed{\delta(\alpha f(t) + \beta g(t)) = max\{\delta(f(t), \delta(g(t))\}}$$

2. Primer teorema del desplazamiento: Sea $F(S) = \mathcal{L}\{f(t)\}, sea\ a \in \mathbb{C}$

$$\boxed{\mathcal{L}\{e^{at} f(t)\} = F(s-a)} \begin{cases} Re(S-a) > \delta(f) \\ Re[S] > Re[a] + \delta(f) \end{cases}$$

$$\mathcal{L}\{e^{at} f(t)\} = \int_0^\infty e^{-St} e^{at} f(t) dt = \int_0^\infty e^{-(S-a)t} f(t) dt = F(S-a)$$

$$\int_0^\infty e^{-St} f(t) dt = Re[S] = \delta(f)$$

3. Segundo teorema del desplazamiento.

Sea $F(S) = \mathcal{L}\{f(t)\}, sea\ \zeta \geq 0$

$$\boxed{\mathcal{L}\{H(t-\zeta) f(t-\zeta)\} = e^{-\zeta S} F(S)}$$

Es una propiedad muy importante para calcular transformadas inversas de Laplace.

3.1. $f(t) = 1 \longrightarrow F(S) = \frac{1}{S};\ \mathcal{L}\{H(t-\zeta)\} = \frac{e^{-\zeta S}}{S};\ \zeta \geq 0$

4. $F(S)=\mathcal{L}\{f(t)\},\delta(f),a\epsilon\mathbb{R}^+$ $\mathcal{L}\{f(at)\}=F(S/a);\ Re(S/a)>\delta(f),R(S)>a\delta(f)$

5. $F(S)=\mathcal{L}\{f(t)\}$ y además $f'(t)$ existe y es continua a trozos y de orden exponencial, entonces: $\mathcal{L}\{f'(t)\}=SF(S)-f(0)$.

5.1. $F(S)=\mathcal{L}\{f(t)\},f(t),f'(t)$ continuas, $f''(t)$ continua a trozos y TODAS de orden exponencial.

$$\mathcal{L}\{f''(t)\}=S^2F(S)-Sf(0)-f'(0)$$

$$\mathcal{L}\{f'''(t)\}=S^3F(S)-S^2f(0)-Sf'(0)-f''(0)$$

5.2. $F(S)=\mathcal{L}\{f(t)\},f(t),f'(t)\cdots\cdots f^{n-1}(t)$ continuas, $f^n(t)$ continua a trozos y todas de orden exponencial.

$$\mathcal{L}\{f^n(t)\}=S^nF(S)-S^{n-1}f(0)-S^{n-2}f'(0)\cdots\cdots f^{n-1}(0)$$

5.3. $f(t)$ tiene discontinuidad de salto finito en $t=\zeta>0$

$$\mathcal{L}\{f'(t)\}=SF(S)-f(0)+[f(\zeta^+)-f(\zeta^-)]e^{-\zeta S}$$

6. $F(S)=\mathcal{L}\{f(t)\};\ \mathcal{L}\left\{\int_0^t f(u)du\right\}=\frac{F(S)}{S};\ \mathcal{L}\left\{\int_a^t f(u)du\right\}=\frac{F(S)}{S}-\frac{1}{S}\int_0^a f(u)du$

7. $F(S)=\mathcal{L}\{f(t)\};\ \mathcal{L}\{t^nf(t)\}=(-1)^n\frac{d^nF(S)}{dS^n};n=0,1,\cdots$

8. $F(S)=\mathcal{L}\{f(t)\};\ \mathcal{L}\left\{\frac{f(t)}{t}\right\}=\int_S^\infty F(u)du;\ \lim\limits_{t\to 0}\frac{f(t)}{t}\ existe.$

9.Teorema del valor inicial

$$\lim_{S\to\infty}F(S)=0\longrightarrow F(S)=\int_0^\infty f(t)e^{-St}dt$$

$$\lim_{t\to 0}f(t)=\lim_{S\to\infty}SF(S)$$

$$\lim_{t\to 0}f'(t)=\lim_{S\to\infty}S^2F(S)-Sf(0)$$

$$\lim_{t\to 0}f'(t)=\lim_{S\to\infty}S^{n+1}F(S)-S^nf(0)\cdots\cdots Sf^{n-1}(0)$$

10. Teorema del valor final

$$\lim_{t\to\infty} f(t) = \lim_{S\to 0} SF(S)$$

11. $F(S) = \mathcal{L}\{f(t)\}; f(t)$ es una función periódica de período T, es decir, $f(t+T) = f(t)$

$$\mathcal{L}\{f(t)\} = \frac{1}{1-e^{-St}} \int_0^T f(t) e^{-St} dt$$

12. $f(t,\lambda);\ F(S,\lambda) = \int_0^\infty f(t,\lambda) e^{-St} dt$

$$\frac{\partial}{\partial\lambda} F(S,\lambda) = \int_0^\infty \frac{\partial}{\partial\lambda} f(t,\lambda) e^{-St} dt$$

13. $\int_0^\infty \delta(t-a) e^{-St} dt = \begin{cases} 0 & a<0 \\ \frac{1}{2} & a=0 \\ e^{-aS} & a>0 \end{cases}$

14. $f(t) = \sum_{n=0}^{\infty} a_n t^n$

$$\mathcal{L}\{f(t)\} = \sum_{n=0}^{\infty} a_n \mathcal{L}\{t^n\} = \sum_{n=0}^{\infty} a_n \frac{\Gamma_{(n+1)}}{S^{n+1}} = \sum_{n=0}^{\infty} a_n \frac{n!}{S^{n+1}}$$

64- Calcular la transformada de Laplace de las siguientes funciones:

a. $f(t) = e^{-at};\ \mathcal{L}\{e^{-at}\} = \frac{1}{S+a}$

b. $f(t) = e^{at};\ \mathcal{L}\{e^{at}\} = \frac{1}{S-a}$

c. $f(t) = e^{-at} \cos bt$

$$\mathcal{L}\{e^{at}\} = F(S+a) \longrightarrow \mathcal{L}\{f(t)\} = F(S)$$

$$\mathcal{L}\{g(t)\} = \mathcal{L}\{\cos bt\} = \frac{S}{S^2+b^2};\ Re[S] > 0$$

$$\mathcal{L}\{e^{-at} \cos bt\} = \frac{S+a}{(S+a)^2+b^2};\ Re[S+a] > 0$$

d. $f(t) = senh\ at;\ senh\ at = \frac{e^{at} - e^{-at}}{2}$

$$\mathcal{L}\{senh\ at\} = \frac{1}{2}[\mathcal{L}\{e^{at}\} - \mathcal{L}\{e^{-at}\}] = \frac{1}{2}\left[\frac{1}{S-a} - \frac{1}{S+a}\right]$$

e. $f(t) = t\cos at$

Aplicando la propiedad: $\mathcal{L}\{t^n f(t)\} = (-1)^n \frac{d^n F(S)}{dS^n};\ F(S) = \mathcal{L}\{f(t)\}$, y sabiendo que:

$\mathcal{L}\{\cos at\} = \frac{S}{S^2+a^2};\ Re[S] > 0$, tenemos que:

$$\mathcal{L}\{\mathrm{tcos}\, at\} = (-1)\frac{d\left(\frac{S}{S^2+a^2}\right)}{dS};\ Re[S] > 0$$

f. $f(t) = (t+1)^n, n \in \mathbb{N}$

$$F(S) = \int_0^\infty (t+1)^n e^{-St} dt$$

$$= \int_0^\infty \sum_{k=0}^{n} \binom{n}{k} t^k e^{-St} dt$$

$$= \sum_{k=0}^{n} \binom{n}{k} \int_0^\infty t^k e^{-St} dt = \sum_{k=0}^{n} \binom{n}{k} \frac{\Gamma_{(k+1)}}{S^{k+1}}$$

$Re[S] > 0$

Teorema:

Sea $F(S)$ **analítica en** $\mathbb{C}$, salvo por un número finito de polos $S_1, S_2, \cdots, S_n$ que están situados a la izquierda del semiplano $\{S \in G\ /\ Re[S] > \delta\}$ y además, existen **3 números reales positivos** $M, R\ y\ \beta$ tales que $|F(S)| \leq \frac{M}{|S|^\beta}, |S| \geq R$. Entonces, la función $f(t)$ $f(t) = \sum\{Residuos\ de\ la\ función\ e^{-St}F(S) en\ los\ polos\ de\ F(S)\}$ es tal que $\mathcal{L}\{f(t)\} = F(S)$ en el semiplano $Re[S] > 0$.

Definición: Sean $f(t)\ y\ g(t)$ funciones integrables en $\mathbb{R}$. Se define la convolución de ambas:

$$(f * g)(t) = \int_{-\infty}^{\infty} f(t-\zeta)g(\zeta)d\zeta$$

3.2. Propiedades de la convolución:

1. Conmutativa:

$$(f * g)(t) = \int_{-\infty}^{\infty} f(t-\zeta)g(\zeta)d\zeta = (g * f)(t) = \int_{-\infty}^{\infty} g(t-\zeta)f(\zeta)d\zeta$$

2. $f * (cg)(t) = \big((cg) * g(t)\big) = c(f * g)(t)$

3. $\big(f * (g+h)\big)(t) = (f * g)(t) + (f * h)(t)$

4. $[(f * g) * h](t) = [f * (g * h)](t)$

Esta forma $(f * g)(t) = \int_{-\infty}^{\infty} f(t-\zeta)g(\zeta)d\zeta$ es la definición general, pero en el contexto de la transformada de Laplace: $(f * g)(t) = \int_{0}^{\infty} f(t-\zeta)g(\zeta)d\zeta$; y, precisando más: $(f * g)(t) = \int_{0}^{t} f(t-\zeta)g(\zeta)d\zeta$.

$$\begin{array}{ll} f(t) \longrightarrow \mathcal{L}\{f(t)\} & \boxed{\begin{array}{l}\mathcal{L}\{f(t) * g(t)\} = \mathcal{L}\{f(t)\}\mathcal{L}\{g(t)\} \\ (f * g)(t) = \mathcal{L}^{-1}\{\mathcal{L}\{f(t)\}\mathcal{L}\{g(t)\}\} = \mathcal{L}^{-1}\{F(S)\cdot G(S)\}\end{array}} \\ g(t) \longrightarrow \mathcal{L}\{g(t)\} & \end{array}$$

$$(f * g)(t) = \mathcal{L}\left\{\int_{0}^{\infty} f(t-\zeta)g(\zeta)d\zeta\right\} = \int_{0}^{\infty} e^{-St}dt \int_{0}^{\infty} f(t-\zeta)g(\zeta)d\zeta =$$

$$\int_{0}^{\infty} g(\zeta)d\zeta\left[\int_{0}^{\infty} e^{-St}dt\, f(t-\zeta)dt\right]$$

Haciendo el cambio de variable $u = t - \zeta$ esa expresión se convierte en:

$$\int_{0}^{\infty} g(\zeta)d\zeta \int_{0}^{\infty} e^{-S(u+\zeta)} f(u)du$$

$$= \int_{0}^{\infty} g(\zeta)d\zeta e^{-S\zeta} \int_{0}^{\infty} e^{-Su} f(u)du = \mathcal{L}\{g(t)\} * \mathcal{L}\{f(t)\}$$

$$\begin{array}{l}\mathcal{L}\{f(t)\} = F(S) \longrightarrow \mathcal{L}^{-1}\{F(S)G(S)\} = (f * g)(t) \\ \mathcal{L}\{g(t)\} = G(S)\end{array}$$

$$\mathcal{L}\left\{\int_0^t f(t-\zeta)g(\zeta)d\zeta\right\} = \mathcal{L}\{f(t)\}\cdot\mathcal{L}\{g(t)\}$$

65- Calcular la transformada inversa de Laplace de:

a. $X(s) = \frac{S^2+4}{(S+1)(S+2)^2} = \frac{A}{S+1} + \frac{B}{(S+2)} + \frac{C}{(S+2)^2} = \frac{5}{S+1} - \frac{4}{S+2} - \frac{8}{(S+2)^2}$

$$X(t) = \mathcal{L}^{-1}\{X(s)\} = \mathcal{L}^{-1}\left\{\frac{5}{S+1}\right\} + \mathcal{L}^{-1}\left\{-\frac{4}{S+2}\right\} + \mathcal{L}^{-1}\left\{-\frac{8}{(S+2)^2}\right\}$$

$$\mathcal{L}^{-1}\left\{\frac{5}{S+1}\right\} = 5\mathcal{L}^{-1}\left\{\frac{1}{S+1}\right\} = 5e^{-t}$$

$$\mathcal{L}^{-1} = \left\{-\frac{4}{S+2}\right\} = -4\mathcal{L}^{-1}\left\{\frac{1}{S+2}\right\} = e^{-2t}$$

$$\mathcal{L}^{-1} = \left\{-\frac{8}{(S+2)^2}\right\} = -8\mathcal{L}^{-1}\left\{\frac{1}{(S+2)^2}\right\} = -8te^{-2t}$$

b. $F(s) = \frac{S}{(S+1)(S+2)} = \frac{A}{S+1} + \frac{B}{(S+2)} = \frac{-1}{S+1} + \frac{2}{S+2}$

$$\mathcal{L}^{-1}\{F(s)\} = -1\mathcal{L}^{-1}\left\{\frac{1}{S+1}\right\} + 2\mathcal{L}^{-1}\left\{\frac{1}{S+2}\right\} = -e^{-t} + e^{-2t}$$

c. $F(s) = \frac{S+1}{S(S+3)^2} = \frac{A}{S} + \frac{B}{S+3} + \frac{C}{(S+3)^2}$

$$\mathcal{L}^{-1}\{F(s)\} = e^{-3t}\left[\frac{2}{3}t - \frac{1}{9}\right]$$

d. $F(s) = \frac{1}{(S+1)^2}$

$$\mathcal{L}^{-1}\{F(s)\} = te^{-t}$$

3.3. Resolución de ecuaciones diferenciales empleando transformadas de Laplace:

Sea la ecuación diferencial:

$$a_0 y^{n)}(t) + a_1 y^{n-1)}(t) + a_2 y^{n-2)}(t) + \cdots\cdots + a_{n-1}y'(t) + a_n y(t) = f(t)$$

$$y(t=0)=y_0$$
$$y'(t=0)=y'_0$$
$$\vdots$$
$$y^{n-1)}(0)=y_0^{n-1)}$$
$$F(S)=\mathcal{L}\{y(t)\}$$
$$G(S)=\mathcal{L}\{f(t)\}$$

Aplicando todo esto a un caso particular:

$$a_0y''(t)+a_1y'(t)+a_2y(t)=g(t)$$
$$a_0,a_1,a_2\ \in\mathbb{R}$$
$$y(t=0)=y_0$$
$$y'(t=0)=y'_0$$
$$\mathcal{L}\{y(t)\}=F(S)$$
$$\mathcal{L}\{g(t)\}=G(S)$$

$$a_0\mathcal{L}\{y''(t)\}+a_1\mathcal{L}\{y'(t)\}+a_2\mathcal{L}\{y(t)\}=G(S)$$

$$a_0(S^2F(S)-Sy_0-y'_0)+a_1(SF(S)-y_0)+a_2F(S)=G(S)$$

$$F(s)=\frac{y_0(a_0S+a_1)+y'_0a_0}{a_0S^2+a_1S+a_2}+\frac{G(S)}{a_0S^2+a_1S+a_2}$$

66- $y''(t)+y(t)=3\,sen\,2t;\ \ y(0)=1,y'(0)=-2$

$$\mathcal{L}\{y''(t)+y(t)\}=\mathcal{L}\{3\,sen\,2t\}$$

$$F(S)=\mathcal{L}\{y(t)\}$$

$$S^2F(S)-S+2+F(S)=3\frac{2}{S^2+2^2}$$

$$F(S)[S^2+1]=\frac{6}{S^2+2^2}+S-2\Rightarrow$$

$$F(S)=\frac{6}{(S^2+1)(S^2+4)}+\frac{S-2}{S^2+1}$$

La solución a nuestra ecuación diferencial es:

$$y=\cos t-sen\,2t$$

67- $y'' + 4y = 4x\,;\ \ y(0) = 1, y'(0) = 5$

$$\mathcal{L}\{y''(x) + 4y(x)\} = \mathcal{L}\{4x\}; F(S) = \mathcal{L}\{y(x)\}$$

$$\mathcal{L}\{y''(x)\} = S^2F(S) - S - 5$$
$$\mathcal{L}\{4y(x)\} = 4F(S)$$
$$\mathcal{L}\{4x\} = \frac{4}{S^2}$$

$$S^2F(S) - S - 5 + 4F(S) = \frac{4}{S^2} \Rightarrow F(S) = [S^2 + 4] = \frac{4}{S^2} + S + 5$$

$$F(S) = \frac{4}{S^2(S^2+4)} + \frac{S+5}{S^2+4} = \frac{4 + S^2(S^2+5)}{S^2(S^2+4)} = \frac{A}{S^2} + \frac{B}{S} + \frac{CS+D}{S^2+4}$$

$$F(S) = \frac{1}{S^2} + \frac{S+4}{S^2+4} = \frac{1}{S^2} + \frac{S}{S^2+4} + \frac{4}{S^2+4}$$

$$\mathcal{L}^{-1}\{F(s)\} = \boxed{y(x) = x + \cos 2x + 2sen\ 2x}$$

68- $y'' + 9y = H(t)\,;\ \ y(0) = 0, y'(0) = 0$

$$S^2F(S) + 9F(S) = \frac{1}{S}$$

$$F(S) = \frac{1}{S(S^2+a)} = \frac{A}{S} + \frac{BS+C}{S^2+9} = \frac{1/9}{S} + \frac{1/9\,S}{S^2+9}$$

$$\mathcal{L}^{-1}\{F(s)\} = \boxed{y(t) = \frac{1}{9} + \left(-\frac{1}{9}\right)\cos 3t}$$

69- $y'' + 9y = H(t-1)\,;\ \ y(0) = 0, y'(0) = 0$

$$S^2F(S) + 9F(S) = \frac{e^{-S}}{S} \Rightarrow F(S) = \frac{e^{-S}}{S(S^2+9)}$$

$$\frac{e^{-S}}{S(S^2+9)} = e^{-S}\frac{1}{S(S^2+9)} \Rightarrow G(S) = \frac{1}{S(S^2+9)}$$

Es una función que no se puede factorizar en fracciones simples ni tampoco aplicar el teorema de los residuos, de modo que debemos operar esa expresión hasta que la simplifiquemos lo máximo posible.

$$\mathcal{L}\{H(t-\zeta)\cdot g(t-\zeta)\} = e^{-\zeta S}G(S); siendo\ G(S) = \mathcal{L}\{g(t)\}$$

$$\mathcal{L}^{-1}\{e^{-\zeta S}G(S)\} = H(t-1)\cdot g(T-1) \Rightarrow y(t) = H(t-1)\cdot g(T-1)$$

El principal problema que tenemos es encontrar la función g.

$$G(S) \longrightarrow g(t) = \frac{1}{9}[1-\cos 3t]$$

$$\mathcal{L}^{-1}\{e^{-\zeta S}G(S)\} = H(t-1)\cdot\frac{1}{9}[1-\cos 3(t-1)]$$
$$= \begin{cases} 0 & t<1 \\ \frac{1}{9}[1-\cos 3(t-1)] & t>1 \end{cases}$$

70- $y' + y + \int_0^t y(\zeta)d\zeta = \begin{cases} 0, & 0\le t<1;\ t\ge 2 \\ 1, & 1\le t<2 \end{cases};\quad y(0)=1$

$F(S) = \mathcal{L}\{y(t)\}$

$$SF(S) - 1 + F(S) + \frac{1}{S}F(S) = \int_1^2 1e^{-St}dt = -\frac{1}{S}e^{-St}\Big]_1^2 = \frac{1}{S}[e^{-S}-e^{-2S}]$$

$$F(S) = \frac{e^{-S}}{S^2+S+1} + \frac{-e^{-2S}}{S^2+S+1} + \frac{S}{S^2+S+1}$$

$$\mathcal{L}^{-1}\left\{\frac{S}{S^2+S+1}\right\} = \mathcal{L}^{-1}\left\{\frac{S+\frac{1}{2}}{\left(S+\frac{1}{2}\right)^2+\left(\frac{\sqrt{3}}{2}\right)^2} - \frac{\frac{1}{2}\frac{\sqrt{3}}{2}\frac{2}{\sqrt{3}}}{\left(S+\frac{1}{2}\right)^2+\left(\frac{\sqrt{3}}{2}\right)^2}\right\} \Rightarrow$$

$$\mathcal{L}^{-1}\left\{\frac{S}{S^2+S+1}\right\} = \left(e^{-\frac{1}{2}t}\cos\frac{\sqrt{3}}{2}t - \frac{1}{\sqrt{3}}e^{-\frac{1}{2}t}\operatorname{sen}\frac{\sqrt{3}}{2}t\right)$$

$$\mathcal{L}^{-1}\left\{e^{-S}\frac{1}{S^2+S+1}\right\} = H(t-1)g_1(t-1) \Rightarrow \mathcal{L}\{g_1(t)\} = \frac{1}{S^2+S+1}$$

$$\mathcal{L}^{-1}\left\{\frac{1}{S^2+S+1}\right\}=\mathcal{L}^{-1}\left\{\frac{\frac{2}{\sqrt{3}}\frac{\sqrt{3}}{2}}{\left(S+\frac{1}{2}\right)^2+\left(\frac{\sqrt{3}}{2}\right)^2}\right\}=\frac{2}{\sqrt{3}}e^{-\frac{1}{2}t}\operatorname{sen}\frac{\sqrt{3}}{2}t=g_1(t)$$

$$\mathcal{L}^{-1}\left\{\frac{e^{-S}}{S^2+S+1}\right\}\ H(t-1)g_1(t-1)$$
$$=\begin{cases}0 & t<1\\ \frac{2}{\sqrt{3}}e^{-\frac{1}{2}(t-1)}\operatorname{sen}\frac{\sqrt{3}}{2}(t-1) & t>1\end{cases}$$

$$\mathcal{L}^{-1}\left\{\frac{-e^{-2S}}{S^2+S+1}\right\}\ H(t-2)g_2(t-2)$$
$$=\begin{cases}0 & t<2\\ -\frac{2}{\sqrt{3}}e^{-\frac{1}{2}(t-2)}\operatorname{sen}\frac{\sqrt{3}}{2}(t-2) & t>2\end{cases}$$

71- $y''(t)-3y'(t)+2y(t)=f(t)$

$F(S)=\mathcal{L}\{y(t)\}$

$$S^2F(S)-3F(S)+2F(S)$$
$$=\int_1^2 e^{-St}1dt$$
$$+\int_2^3 e^{-St}2dt+\int_3^4 e^{-St}1dt=\frac{1}{S}[e^{-S}+e^{-2S}-e^{-3S}-e^{-4S}]$$

$$F(S)=\frac{e^{-S}+e^{-2S}-e^{-3S}-e^{-4S}}{S(S-1)(S-2)}$$

$$F_4(S)=\frac{e^{-4S}}{S(S-1)(S-2)}$$

$$\mathcal{L}^{-1}\{F_4(S)\}=\mathcal{L}^{-1}\left\{e^{-4S}\frac{1}{S(S-1)(S-2)}\right\}=\ H(t-4)g_4(t-4)$$

$$g_4=\mathcal{L}^{-1}\left\{\frac{1}{S(S-1)(S-2)}\right\}=\mathcal{L}^{-1}\left\{\frac{\frac{1}{2}}{S}+\frac{-1}{S-1}+\frac{\frac{1}{2}}{S-2}\right\}=\frac{1}{2}-e^t+\frac{1}{2}e^{2t}$$

$$y(t) = \mathcal{L}^{-1}\{F_4(S)\} = H(t-4)\left[\frac{1}{2} - e^{t-4} + \frac{1}{2}e^{2(t-4)}\right]$$

Si repetimos el proceso con los tres términos restantes, obtenemos la solución general:

$$y(t) = \mathcal{L}^{-1}\{F_4(S)\}$$
$$= \sum_{k=1}^{2}\left(\frac{1}{2} - e^{t-k} + \frac{1}{2}e^{2(t-k)}\right)H(t-k)$$
$$-\sum_{k=3}^{4}\left(\frac{1}{2} - e^{t-k} + \frac{1}{2}e^{2(t-k)}\right)H(t-k)$$

72- Resolver el siguiente sistema de ecuaciones diferenciales

$$\left.\begin{aligned}\frac{dx}{dt} - 6x(t) + 3y(t) &= 8e^{t}\\ \frac{dy}{dt} - 2x(t) - \ y(t) &= 4e^{t}\end{aligned}\right\} \qquad \begin{aligned}x(t=0) &= -1\\ y(t=0) &= 0\end{aligned}$$

$$X(S) = \mathcal{L}\{y(t)\}$$

$$Y(S) = \mathcal{L}\{y(t)\}$$

$$SX(S) + 1 - 6X(S) + 3Y(S) = 8\frac{1}{S-1}$$
$$SY(X) - 2X(S) - Y(S) = 4\frac{1}{S-1}$$

$$X(S) = \frac{-2}{S-1} + \frac{1}{S-4}$$
$$Y(S) = \frac{-\frac{2}{3}}{S-1} + \frac{\frac{2}{3}}{S-4}$$

$$X(t) = \mathcal{L}^{-1}\{X(S)\} = -2e^{t} + e^{4t}$$
$$Y(t) = \mathcal{L}^{-1}\{Y(S)\} = -\frac{2}{3}e^{t} + \frac{2}{3}e^{4t}$$

3.4. Ecuaciones tipo Volterra

También se las conoce como ecuaciones de tipo convolutorio.

$$y(t) = f(t) + \int_0^t K(t-u)y(u)du$$

Esta ecuación de tipo convolutorio se puede escribir somo:

$$y(t) = f(t) + K(t) * y(t)$$

Tomando la transformada de Laplace a ambos lados y suponiendo que existen $\mathcal{L}\{F(t)\}$ y $\mathcal{L}\{K(t)\} = K(S)$ encontramos que:

$$y(S) = F(S) + K(S)Y(S) \Rightarrow Y(S) = \frac{F(S)}{1-K(S)}$$

La solución requerida puede encontrarse tomando transformadas de Laplace inversas.

73- Resolver la ecuación integral: $y(t) = t^2 + \int_0^t y(u)sen\,(t-u)du$

La ecuación integral puede expresarse en la forma:

$$y(t) = t^2 + y(t) * sen\,t$$

Tomando la transformada de Laplace y usando el teorema de la convolución encontramos que:

$F(S) = \mathcal{L}\{y(t)\}$

$$F(S) = \frac{2}{S^3} + \frac{F(S)}{S^2+1} \Rightarrow F(S) = \frac{2(S^2+1)}{S^5} = \frac{2}{S^3} + \frac{2}{S^5}$$

De manera que:

$$y(t) = 2\left(\frac{t^2}{2!}\right) + 2\left(\frac{t^4}{4!}\right) = t^2 + \frac{1}{12}t^4$$

Esto puede comprobarse mediante sustitución directa en la ecuación integral.

74- Resolver la ecuación integral: $\int_0^t y(u)y(t-u)du = 16sen\,4t$

La ecuación integral puede expresarse en la forma:

$$y(t) * y(t) = 16sen\, 4t$$

Tomando la transformada de Laplace y usando el teorema de la convolución encontramos que:

$F(S) = \mathcal{L}\{y(t)\}$

$$\{F(S)\}^2 = \frac{64}{S^2+16} \text{ ó } F(S) = \frac{\pm 8}{\sqrt{S^2+16}}$$

De manera que:

$$y(t) = \mathcal{L}^{-1}\{y(S)\} = \pm 8J_0(4t)$$

Tanto $y(t) = 8J_0(4t)$ como $y(t) = -8J_0(4t)$ son soluciones de la ecuación diferencial.

75- Resolver la ecuación integral: $y(t) = \cos t + \int_0^t y(t-v)e^v dv$

La ecuación integral puede expresarse en la forma:

$$y(t) = \cos t + y(t) * e^t$$

Tomando la transformada de Laplace y usando el teorema de la convolución encontramos que:

$F(S) = \mathcal{L}\{y(t)\}$

$$F(S) = \frac{S}{S^2+1} + F(S)\left(\frac{1}{S-1}\right) \Rightarrow F(S)\left(1 - \frac{1}{S-1}\right) = \frac{S}{S^2+1}$$
$$\Rightarrow F(S)\left(\frac{S-2}{S-1}\right) = \frac{S}{S^2+1} \Rightarrow$$

$$F(S) = \frac{S^2-S}{(S^2+1)(S-2)} = \frac{A}{S-2} + \frac{BS+C}{(S^2+1)} \Rightarrow A(S^2+1) + B(S^2+2S) + C(S-2)$$
$$= S^2 - S \Rightarrow$$

$$C = \frac{1}{5}$$
$$A = \frac{2}{5}$$
$$B = \frac{3}{5}$$

$$F(S) = \frac{2}{5}\frac{1}{S-2} + \frac{3}{5}\frac{S}{S^2+1} + \frac{1}{5}\frac{1}{S^2+1}$$

$$\boxed{y(t) = \frac{2}{5}e^{-2t} + \frac{3}{5}\cos t + \frac{1}{5}\operatorname{sen} t}$$

76- Resolver la ecuación integral: $2y(t) - 2t + \frac{t^3}{6} = \int_0^t y(t-u)y(u)dv$

La ecuación integral puede expresarse en la forma:

$$2y(t) - 2t + \frac{t^3}{6} = y(t) * y(t)$$

Tomando la transformada de Laplace y usando el teorema de la convolución encontramos que:

$F(S) = \mathcal{L}\{y(t)\}$

$$2F(S) - \frac{2}{S^2} + \frac{1}{S^4} = F^2(S) \Rightarrow F^2(S) - 2F(S) + \frac{2}{S^2} - \frac{1}{S^4} = 0$$

$$F^2(S) - 2F(S) + \frac{2S^2-1}{S^4} \Rightarrow F(S) = \frac{S^2+1}{2S^2}$$

$$F_1(S) = \frac{3}{2} - \frac{1}{2S^2} \Rightarrow y_1(t) = 3\delta(t) - \frac{1}{2}t$$
$$F_2(S) = \frac{1}{2} + \frac{1}{2S^2} \Rightarrow y_2(t) = \delta(t) + \frac{1}{2}t$$

4. RESOLUCIÓN DE ECUACIONES DIFERENCIALES MEDIANTE SERIES DE POTENCIAS.

4.1. Desarrollo de una función en serie de potencias

Sea $f: X \longrightarrow \mathbb{R}$, se dice que la serie $\sum_{n=0}^{\infty} a_n x^n$ que converge en un intervalo $\mathbb{I}$ es un desarrollo en serie de potencias si: $f(x) = \sum_{n=0}^{\infty} a_n x^n \, ; x \in x \cap \mathbb{I}$.

Ejemplo:

$$f(x) = \frac{1}{1-x} \;\; \forall x \in \mathbb{R} - \{1\}; \;\; \frac{1}{1-x} = \sum_{n=0}^{\infty} x^n \, ; \; |x| < 1$$

Proposición: Si $f: X \longrightarrow \mathbb{R}$ admite un desarrollo en serie de potencias $\forall x \in x \cap \mathbb{I}$, es decir, $f(x) = \sum_{n=0}^{\infty} a_n x^n$ entonces $a_n = \frac{f^n(0)}{n!}, n = 0,1,\cdots$. De donde se deduce que **el desarrollo en serie de potencias de una función es único.**

$$f(x) = a_0 + a_1 x + a_2 x^2 + \cdots\cdots + a_n x^n + \cdots\cdot + f(0) = a_0$$
$$f'(x) = a_1 + 2x a_2 x + \cdots\cdots + n a_n x^{n-1} + \cdots\cdot + f'^{(0)} = a_1$$
$$f''(x) = 2!\, a_2 + 3!\, x a_3 x + \cdots\cdots + n(n-1) a_n x^{n-2} + \cdots\cdot + f''(0) = 2!\, a_2 \Rightarrow a_2 = \frac{f''(0)}{2!}$$
$$\vdots$$
$$f^{n)}(x) = n!\, a_n + (n+1)!\, a_{n+1} x + \cdots\cdots + f^{n)}(0) = n! \Rightarrow a_n = \frac{f^{n)}(0)}{n!}$$

Una condición necesaria para que una función sea desarrollable en serie de potencias es que se indefinidamente derivable. **La condición no es suficiente,** existen funciones indefinidamente derivables $/ \sum_{n=0}^{\infty} \frac{f^{n)}(0)}{n!} x^n$ convergen en un intervalo $\mathbb{I}$ y sin embargo $f(x) \neq \sum_{n=0}^{\infty} a_n x^n \, ; x \in x \cap \mathbb{I}$.

Ejemplo:

$$f(x) = \begin{cases} e^{-1/x^2} & x \neq 0 \\ 0 & x = 0 \end{cases}$$

$\sum_{n=0}^{\infty} \frac{f^{n)}(0)}{n!} x^n \forall x \in \mathbb{R}$ converge a 0; $f(0) = \frac{f^{n)}(0)}{n!}$

Proposición: sea $f:(-\rho,\rho)\longrightarrow\mathbb{R}$ indefinidamente derivable si $\{f^k(x)\}_{k=0}^{\infty}$ está uniformemente acotada, es decir, $\exists\, M>0\ \forall x\in(-\rho,\rho)\ \forall\, k=0,1,\cdots\cdots\ |f^k(x)|\le M$ entonces $f(x)$ es desarrollable en serie de potencias en $(-\rho,\rho)$, es decir, $f(x)=\sum_{n=0}^{\infty}a_nx^n\ \forall x\in(-\rho,\rho)$.

Propiedades

Si $f(x)$ es desarrollable en serie de potencias en $\mathbb{I}$ entonces $f(x)$ es analítica.

La suma de dos series de potencias es otra serie de potencias cuyo radio de convergencia es por lo menos mayor o igual que $min(\rho_1,\rho_2)$.

El producto de dos series de potencias es otra serie de potencias cuyo radio de convergencia es por lo menos mayor o igual que $min(\rho_1,\rho_2)$.

4.2. Desarrollo en serie de potencias de algunas funciones elementales:

Función exponencial

$$e^x=\sum_{n=0}^{\infty}\frac{x^n}{n!}\quad \forall x\in\mathbb{R}$$

Función logaritmo

$$\log(1+x)=\sum_{n=1}^{\infty}\frac{(-1)^{n-1}x^n}{n}\quad |x|<1$$

Funciones trigonométricas

$$sen\,x=\sum_{n=0}^{\infty}\frac{(-1)^n x^{2n+1}}{(2n+1)!}\quad \forall x\in\mathbb{R}$$

$$\cos x=\sum_{n=0}^{\infty}\frac{(-1)^n x^{2n}}{2n!}\quad \forall x\in\mathbb{R}$$

$$arctg\,x=\sum_{n=0}^{\infty}\frac{(-1)^n x^{2n+1}}{2n+1}\quad |x|<1$$

4.3. Resolución de Ecuaciones diferenciales mediante series de potencias

Sea la ecuación diferencial $y''(x)+P(x)y'(x)+Q(x)y=0$ donde

$P(x)=\sum_{n=0}^{\infty}a_nx^n$; $Q(x)=\sum_{n=0}^{\infty}b_nx^n$; $y(x)=\sum_{n=0}^{\infty}c_nx^n$; $y'^{(x)}=\sum_{n=1}^{\infty}nc_nx^{n-1}$;

$y''(x)=\sum_{n=2}^{\infty}n(n-1)c_nx^{n-2}$.

La ecuación diferencial se puede escribir como:

$$\sum_{n=2}^{\infty}n(n-1)c_nx^{n-2}+\left(\sum_{n=0}^{\infty}a_nx^n\right)\left(\sum_{n=1}^{\infty}nc_nx^{n-1}\right)+\left(\sum_{n=0}^{\infty}b_nx^n\right)\left(\sum_{n=0}^{\infty}c_nx^n\right)=0$$

Si $\sum_{n=0}^{\infty}a_nx^n$ y $\sum_{n=0}^{\infty}b_nx^n$ convergen en $\mathbb{I}$, entonces $\sum_{n=0}^{\infty}c_nx^n$ converge en $\mathbb{I}$. Y en particular, si $P(x)$ y $Q(x)$ son polinomios, la serie $\sum_{n=0}^{\infty}c_nx^n$ converge $\forall x\in\mathbb{R}$.

77-Resolver $y''(x)+xy'(x)+y(x)=0, con\, y(0)=0\Rightarrow a_0=0, y'(0)=1\Rightarrow a_1=1$

$y(x)=\sum_{n=0}^{\infty}a_nx^n$; $y'^{(x)}=\sum_{n=1}^{\infty}na_nx^{n-1}$; $y''(x)=\sum_{n=2}^{\infty}n(n-1)a_nx^{n-2}$

Si hacemos el cambio de variable $n-2=k$

$$\sum_{k=0}^{\infty}(k+2)(k+1)a_{k+2}x^k$$

Podemos escribir la ecuación diferencial de la siguiente forma:

$$\sum_{n=0}^{\infty}(n+2)(n+1)a_{n+2}x^n+\sum_{n=1}^{\infty}na_nx^n+\sum_{n=0}^{\infty}a_nx^n=0$$

$$2a_2 + a_0 + \sum_{n=1}^{\infty}[(n+2)(n+1)a_{n+2} + (n+1)a_n]x^n = 0$$

Aplicando las condiciones iniciales $a_0 = 0;\ a_1 = 1$

$$2a_2 + a_0 = 0 \Rightarrow 2a_2 = 0 \Rightarrow a_2 = 0$$

$$a_{n+2} = -\frac{(n+1)a_n}{(n+2)(n+1)} = -\frac{a_n}{n+2}$$

Aplicando la relación de recurrencia para términos superiores:

$$a_3 = -\frac{1}{3}$$
$$a_5 = -\frac{a_3}{5} = \frac{1}{3\cdot 5}$$
$$a_{2n+1} = \frac{(-1)^n}{1\cdot 3\cdot 5 \cdots\cdots (2n+1)}$$

De esta forma la solución de nuestra ecuación diferencial es:

$$\boxed{y(x) = \sum_{n=0}^{\infty} \frac{(-1)^n}{1\cdot 3\cdot 5 \cdots\cdots (2n+1)} x^{2n+1}}$$

78- Determinar la solución de $4x^3 f(x) - f'(x) + xf''(x) = 0$, con las condiciones iniciales $f(0) = 0; f''(0) = 2$.

$$f(x) = \sum_{n=0}^{\infty} a_n x^n;\ a_n = \frac{f^{n)}(0)}{n!};\ f'(x) = \sum_{n=1}^{\infty} n a_n x^{n-1};\ f''(x) = \sum_{n=2}^{\infty} n(n-1)a_n x^{n-2}$$

Escribiendo la ecuación diferencial en forma de serie de potencias:

$$4\sum_{n=0}^{\infty} a_n x^{n+3} - \sum_{n=1}^{\infty} n a_n x^{n-1} + \sum_{n=2}^{\infty} n(n-1)a_n x^{n-2} = 0$$

Tenemos que dejar todos los términos en potencias de x^n, para lo cual, hacemos el siguiente cambio de variable:

$$\begin{matrix} n+3=k \\ n=0 \Rightarrow k=3 \end{matrix} \Rightarrow \sum_{k=3}^{\infty} 4a_{k-3}x^k; \quad \begin{matrix} n-1=k \\ n=1 \Rightarrow k=0 \end{matrix} \Rightarrow \sum_{k=0}^{\infty} (k+1)a_{k+1}x^k;$$

$$\begin{matrix} n-1=k \\ n=2 \Rightarrow k=1 \end{matrix} \Rightarrow \sum_{k=1}^{\infty} (k+1)ka_{k+1}x^k$$

$$\sum_{n=3}^{\infty} 4a_{n-3}x^n - \sum_{n=0}^{\infty} (n+1)a_{n+1}x^n + \sum_{n=1}^{\infty} (n+1)na_{n+1}x^n = 0$$

$$-a_1 - 2a_2x - 3a_3x^3 + 2a_2x + 3 \cdot 2a_3x^3 + \sum_{n=3}^{\infty} [4a_{n-3} + [(n+1)(n-1)]a_{n+1}]x^n = 0$$

$-a_1 = 0$. No hay términos en x en el segundo miembro.

$3a_3 = 0$. No hay términos en x^3 en el segundo miembro.

$$a_{n+1} = \frac{-4a_{n-3}}{(n+1)(n-1)}$$

Aplicando la relación de recurrencia para términos superiores:

$$\begin{aligned} a_{4n} &= 0 \\ a_{4n+1} &= 0 \\ a_{4n+3} &= 0 \end{aligned}$$

$$a_6 = \frac{-4a_2}{6 \cdot 4} = \frac{-1}{3!}; \ a_{10} = \frac{1}{5!}; \ a_{2n} = \frac{(-1)^n}{(2n+1)!}$$

De esta forma la solución de nuestra ecuación diferencial es:

$$\boxed{f(x) = \sum_{n=0}^{\infty} \frac{(-1)^n}{(2n+1)!} x^{2(2n+1)} = sen\ x^2}$$

5. SISTEMAS NO LINEALES Y ECUACIONES DE PFAFF

5.1. Sistemas no lineales de ecuaciones diferenciales de primer orden

Vienen dados por:

$$\frac{dx_i}{dt} = f_i(x_i(t), t); \quad i = 1, \cdots, n$$

Las funciones f_i son funciones de x y t, que son fruto del problema. Si son continuas en un dominio que es un entorno de (ξ_i, t_0) y satisfacen la condición de Lipschitz en $\mathbb{D}$. $\exists\, K_1 >/\ |f_i(y,t) - f_i(x,t)| \leq K_i \|y - x\|$.

Entonces existe una **única solución** $x_i(t)/\ x_i(t_0) = \xi_i$.

Ejemplo: ecuaciones de Hamilton de un sistema dinámico descrito por el Hamiltoniano.

$$H(p^m, q^m, t), \qquad m = 1, \cdots, L.$$

Son un sistema de 2L ecuaciones diferenciales no lineales de primer orden.

$$\dot{p}^m = \frac{\partial H}{\partial q^m}; \ \dot{q}^m = \frac{\partial H}{\partial p^m}$$

Cuando $f_i(x,t)$ dependen de t, dados t_0 y $\xi_i = xt_0, \exists$ una solución única $x_i(t)/\ x_i(t_0) = \xi_i$, es decir, existe una única solución que pasa por ξ_i en t_0. Pero si tomamos solamente ξ_i, sin especificar t_0 es obvio que soluciones distintas pueden pasar por ξ_i para t distintos. Entonces, las trayectorias de dos soluciones distintas se pueden cortar. Pero esto no sucede cuando $f_i \neq f_i(t)$ (**"sistemas autónomos"**) porque en ellos se tiene el siguiente resultado:

Sea $\frac{dx_i(t)}{dt} = f_i(x(t))$ un sistema autónomo, y $x_i(t), x'_i(t)$ dos soluciones, entonces, se tiene una de estas dos posibilidades:

1. $X'(t) = x(t + b)$ para cierto b.

2. $X'(t)$ y $X(t)$ no tienen ningún punto en común.

Demostración

Suponemos que no es cierta la posibilidad 2 y concluiremos que se tiene que dar la posibilidad 1.

Si 2 no es cierto, $\exists\ t_0\ y\ t_1 / X'(t_0) = X(t_1) = \xi$

Sea $b = t_1 - t_0$, entonces:

$$X(t_0 + b) = X(t_1) = \xi = \hat{X}(t_0); \quad \hat{X}(t) = X(t + b); \quad X'(t_0) = \xi$$

Por otra parte, $\hat{X}(t)$ es solución del sistema porque $f_i \neq f_i(t)$. Luego, $\hat{X}(t)$ y $X'(t)$ son soluciones que coinciden en t_0. Por el **teorema de unicidad**, $\hat{X}(t) = X'(t)$, $\qquad X'(t) = X(t + b)$.

$$\frac{d\hat{X}(t)}{dt} = \frac{d}{dt}\big(x(t + b)\big)_{t+b} = f(x(t))_{t+b} = x(t + b) = f\left(\hat{X}(t)\right)$$

Ejemplo:

Consideramos un sistema mecánico con $H = H(p, q)$ (independiente del tiempo). Entonces $\frac{\partial H}{\partial p^m}$ y $\frac{\partial H}{\partial q^m}$ no dependen del tiempo y el sistema es autónomo.

Sabemos en particular, que si $q(t), p(t)$ es solución, $q(t + b), p(t + b)$ también lo es: **el sistema es invariante bajo traslaciones temporales.**

Nótese que si $q(t), p(t)$ es solución:

$$\frac{dH}{dt}\big(p(t), q(t)\big) = \sum_{m=1}^{l}\left(\frac{\partial H}{\partial p^m}\frac{dp^m}{dt} + \frac{\partial H}{\partial q^m}\frac{dq^m}{dt}\right) = 0$$

Luego, cuando hay invariancia bajo traslaciones temporales, la magnitud $H\big(p(t), q(t)\big)$ (Energía) se conserva. $H(p, q)$ es un ejemplo de **integral primera del sistema de ecuaciones.**

5.2. Integrales primeras

Sea $\frac{dx_i(t)}{dt} = f_i(x,t)$ un sistema no lineal.

Se dice que $G(x,t)$ es una **integral primera del sistema** si $\frac{d}{dt}G\big((x),t\big) = 0$, para toda solución $X(t)$ del sistema. Las integrales primeras sirven para **reducir el número de ecuaciones del sistema:**

Supongamos que tenemos $G_k(x,t), k = 1,\cdots\cdots, N; N \leq n$ integrales primeras. Eso significa que $G_k(x,t) = C_k$, luego, si las G_k son funcionalmente independientes, se pueden despejar N términos en X, en términos de las n-N restantes, de forma que queda un sistema de n-N incógnitas si se dan las condiciones del **Teorema de la Función implícita.** En particular:

$$rango\begin{pmatrix} \frac{\partial G_1}{\partial x_1} & & & \frac{\partial G_1}{\partial x_n} \\ \cdots & \ddots & \cdots & \cdots \\ \cdots & \cdots & \ddots & \cdots \\ \frac{\partial G_N}{\partial x_1} & \cdots & \cdots & \frac{\partial G_N}{\partial x_n} \end{pmatrix} = N$$

Si $N = n$, esto resuelve completamente el sistema.

Si $N = n - 1$, el sistema se reduce a una única ecuación.

Ejemplo:

Sea el sistema mecánico con un grado de libertad descrito por el Hamiltoniano

$$H = \frac{p^2}{2m} + V(q)$$

Las ecuaciones de evolución son:

$$\begin{cases} \dot{p} = -\frac{\partial H}{\partial q} = -V'(q) \\ \dot{q} = \frac{\partial H}{\partial p} = \frac{P}{m} \end{cases}$$

Pero sabemos que H es una integral primera.

$$\frac{p^2}{2m} + V(q) = E = cte \Rightarrow P = \sqrt{2m}\sqrt{E - V(q)}$$

Ahora sustituimos en la ecuación de q, y queda:

$$\dot{q} = \sqrt{2/m}\sqrt{E - V(q)}$$

5.3. Forma canónica del sistema

Escribamos el sistema $\frac{dx_i(t)}{dt} = f_i(x,t)$ ó $\frac{1}{f_i}\frac{dx_i}{dt} = 1$, en la forma:

$$\frac{1}{f_1}\frac{dx_1}{dt} = \frac{1}{f_2}\frac{dx_2}{dt} = \cdots\cdots = \frac{1}{f_n}\frac{dx_n}{dt} = 1$$

Ahora multiplicamos por dt:

$$\frac{dx_1}{f_1} = \frac{dx_2}{f_2} = \cdots\cdots = \frac{dx_n}{f_n} = dt$$

Esta es la forma canónica del sistema, que, en general, es:

$$\frac{dx_1}{\phi_1(x,t)} = \frac{dx_2}{\phi_2(x,t)} = \cdots\cdots = \frac{dx_n}{\phi_n(x,t)} = \frac{dt}{\phi_n(x,t)}$$

Para un sistema autónomo:

$$\frac{dx_1}{f_1(x)} = \frac{dx_2}{f_2(x)} = \cdots\cdots = \frac{dx_n}{f_n(x)} = dt$$

Si eliminamos dt tenemos:

$$\frac{dx_1}{f_1(x)} = \frac{dx_2}{f_2(x)} = \cdots\cdots = \frac{dx_n}{f_n(x)}$$

La solución de este último sistema es independiente de la parametrización, porque es equivalente a:

$$\frac{\frac{dx_1}{ds}}{f_1(x)} = \frac{\frac{dx_2}{ds}}{f_2(x)} = \cdots\cdots = \frac{\frac{dx_n}{ds}}{f_n(x)}$$

donde s es cualquier parámetro.

Luego, las soluciones de esta última ecuación son curvas en $\mathbb{R}^n$, mientras que las soluciones de la penúltima ecuación dicen además cómo se recorren dichas curvas en $\mathbb{R}^n$, aunque se podrían interpretar como curvas en $\mathbb{R}^{n+1}$.

Consideremos el sistema:

$$\frac{dx_1}{f_1} = \frac{dx_2}{f_2} = \cdots\cdots = \frac{dx_n}{f_n}$$

Una integral primera es una función $G(x_1, \cdots\cdots, x_n)$, que cumple que su diferencial exterior:

$$dG := \frac{\partial G}{\partial x_1} dx_1 + \cdots\cdots + \frac{\partial G}{\partial x_n} dx_n = 0$$

cuando se usan las ecuaciones del sistema.

5.4. Ecuación diferencial de Pfaff

Consideremos el sistema:

$$\frac{dx_1}{\phi_1} = \frac{dx_2}{\phi_2} = \cdots\cdots = \frac{dx_n}{\phi_n}$$

Se tiene el siguiente resultado:

Sea $\omega = \omega_1 dx_1 + \cdots\cdots + \omega_n dx_n$, una 1-forma diferencial en $\mathbb{R}^n$ que es exacta, esto es, que cumple que $\exists\, G(x) / dG = \omega$. Entonces, si $\sum_{i=1}^{n} \omega_i \phi_i = 0 \Leftrightarrow G(x)$ es una integral primera del sistema.

Demostración:

$$dG = \sum_{i=1}^{n} \omega_i \, dx_i = \sum_{i=1}^{n} \omega_i \frac{dx}{d\phi} = \alpha \sum_{i=1}^{n} \omega_i \phi_i$$

De esta igualdad se deduce que $dG = 0\,(sobresoluciones) \Leftrightarrow \sum_{i=1}^{n} \omega_i \phi_i = 0;$ G es una integral primera$\Leftrightarrow \sum_{i=1}^{n} \omega_i \phi_i$.

En la práctica, basta con que ω, además de cumplir $\sum_{i=1}^{n} \omega_i \phi_i = 0$, sea tal que $\exists \mu \,/ \mu\omega = dG$. Esto motiva la siguiente **definición:**

Sea ω una 1-forma diferencial. Se dice que la ecuación diferencial de Pfaff, $\omega = 0$, es integrable si $\exists \mu(x) \,/ \mu\omega = dG(\mu\omega\ es\ exacta)$ y la solución $G = cte\ (\mu\omega = dG = d(cte) = 0)$; siendo μ un factor de integración.

Se necesita un criterio para decidir si $\omega = 0$ es integrable: la ecuación $\omega = 0$ es integrable si $(\overline{\nabla} \wedge \widehat{\omega}) \cdot \widehat{\omega} = 0$.

En efecto, como $\omega = 0$ es integrable, $\mu\omega = dG$. En lenguaje vectorial: $\mu\omega = \overline{\nabla} G,\ \widehat{\omega} = \frac{1}{\mu} \overline{\nabla} G$

Ahora calculamos:

$$(\overline{\nabla} \wedge \widehat{\omega}) \cdot \widehat{\omega} = \left[\overline{\nabla} \wedge \left(\frac{1}{\mu} \overline{\nabla} G\right)\right] \cdot \frac{1}{\mu} \overline{\nabla} G = \left(\overline{\nabla}\left(\frac{1}{\mu}\right) \wedge \overline{\nabla} G + \frac{1}{\mu} \overline{\nabla} \wedge \overline{\nabla} G\right) \frac{1}{\mu} \overline{\nabla} G$$
$$= \left(\overline{\nabla} \frac{1}{\mu} \wedge \overline{\nabla} G\right) \overline{\nabla} G = 0$$

5.4.1. Algunos métodos para resolver la ecuación de Pfaff

1. Cuando $\overline{\nabla} \wedge \widehat{\omega} = 0$ (la forma es cerrada). Por el **lema de Poincaré,** en $\mathbb{R}^n$ toda forma cerrada es exacta. Luego, $\exists\ G/$

$$\left.\begin{aligned} \frac{\partial G}{\partial x} &= \omega_1 \\ \frac{\partial G}{\partial y} &= \omega_2 \\ \frac{\partial G}{\partial y} &= \omega_3 \end{aligned}\right\} con\ \mu = 1$$

2. Cuando una de las variables, por ejemplo, z, está separada, es decir: $\omega = \omega_1(x, y)dx + \omega_2(x, y)dy + \omega_3(z)dz$. Si una ω de este tipo es **integrable**, tenemos:

$$0 = (\overline{\nabla} \wedge \widehat{\omega}) \cdot \widehat{\omega} = \begin{vmatrix} \hat{\imath} & \hat{\jmath} & \widehat{k} \\ \frac{\partial}{\partial x} & \frac{\partial}{\partial y} & \frac{\partial}{\partial z} \\ \omega_1(x,y) & \omega_2(x,y) & \omega_3(x,y) \end{vmatrix} \big(\omega_1(x,y) + \omega_2(x,y) +$$

$$\omega_3(x,y)\big) =$$

$$= \left(0,0,\frac{\partial \omega_2}{\partial x} - \frac{\partial \omega_1}{\partial y}\right)(\omega_1,\omega_2,\omega_3) = \left(\frac{\partial \omega_2}{\partial x} - \frac{\partial \omega_1}{\partial y}\right)\omega_3$$

Entonces, si $\omega_3 \neq 0$ tenemos:

$$\frac{\partial \omega_2}{\partial x} - \frac{\partial \omega_1}{\partial y} = 0$$

Esto es, $\omega_1 dx + \omega_2 dy$ es cerrada y, por el lema de Poincaré en $\mathbb{R}^2$ es exacta.

$$\exists H(x,y) / \begin{matrix} \frac{\partial H}{\partial x} = \omega_1 \\ \frac{\partial H}{\partial y} = \omega_2 \end{matrix}$$

Luego $G = H(x,y) + \int \omega_3(z)dz$

3. Supongamos que ω es homogénea de grado p:

$$\omega = \omega_1(\lambda x, \lambda y, \lambda z)dx + \omega_2(\lambda x, \lambda y, \lambda z)dy + \omega_3(\lambda x, \lambda y, \lambda z)dz =$$

$$\lambda^p = \{\omega_1(x,y,z)dx + \omega_2(x,y,z)dy + \omega_3(x,y,z)dz\}$$

Entonces el cambio de variable: $\left.\begin{matrix} x = uz \\ y = vz \end{matrix}\right\}$ $(x,y,z) \longrightarrow (u,v,z)$ transforma ω en una ecuación en la que la variable z está separada.

6. INTRODUCCIÓN A LAS ECUACIONES DIFERENCIALES EN DERIVADAS PARCIALES

6.1. Definiciones

Una ecuación diferencial en derivadas parciales es una relación del tipo

$F(x^i, u, \partial_i u, \partial_i \partial_j u, \cdots\cdots, \partial_i \partial_j \cdots\cdots \partial_{in} u) = 0,$ donde $i, j, i_1, \cdots\cdots, i_k = 1, \cdots\cdots, n.$ Este tipo de ecuación es una ecuación diferencial en derivadas parciales para la función incógnita dependiente de n variables y de orden K (el orden más alto de las derivadas que aparecen).

La **ecuación** es **lineal** si es de la forma:

$$a_o u + \sum_{i=1}^{n} a_i \partial_i u + \sum_{i,j}^{n} a_{ij} \partial_i \partial_j u + \cdots\cdots + \sum_{ij\cdots ik}^{n} a_{ij\cdots in}\, \partial_{i1} \cdots \partial_{ik} u = b$$

donde $a_o, a_i, a_{ij}, a_{ij} \cdots a_{ik}, b$ son funciones de $x^1 \cdots\cdots x^n$. **Si** $b = 0$, **la ecuación es homogénea. Si** $a_o, a_i, a_{ij}, a_{ij}, etc.$ **son independientes de** $x^1 \cdots\cdots x^n$ **entonces la ecuación es una ecuación con coeficientes constantes.**

Aquí también es cierto, que si μ_o es solución de la ecuación inhomogénea y μ es cualquier solución de la ecuación homogénea (obtenida al hacer $\boldsymbol{b} = \boldsymbol{0}$), entonces $\mu_o + \mu$ es solución de la ecuación homogénea. La solución general de las ecuaciones diferenciales en derivadas parciales depende de funciones arbitrarias, por ejemplo, consideremos la **ecuación de ondas bidimensional.**

$$\frac{\partial^2 f}{\partial x^2} - \frac{\partial^2 f}{\partial t^2}$$

Ahora hacemos el cambio de variables: $u = x + t; v = x - t$

$$\frac{\partial \hat{f}(u,v)}{\partial x} = \frac{\partial \hat{f}}{\partial u} + \frac{\partial \hat{f}}{\partial v}; \qquad \frac{\partial^2 \hat{f}}{\partial u^2} + 2\frac{\partial^2 \hat{f}}{\partial u \partial v} + \frac{\partial^2 \hat{f}}{\partial v^2}$$

$$\frac{\partial \hat{f}(u,v)}{\partial t} = \frac{\partial \hat{f}}{\partial u} - \frac{\partial \hat{f}}{\partial v}; \qquad \frac{\partial^2 \hat{f}}{\partial t^2} - 2\frac{\partial^2 \hat{f}}{\partial u \partial v} + \frac{\partial^2 \hat{f}}{\partial v^2}$$

$$\frac{\partial^2 \hat{f}}{\partial x^2} - \frac{\partial^2 \hat{f}}{\partial t^2} = \frac{4\partial^2 \hat{f}}{\partial u \partial v} = 0 \Rightarrow$$

$$\frac{\partial^2 \hat{f}}{\partial v} = A(v); \; \hat{f} = \int A(v)dv + B(u) = A(v) + B(u)$$

$f(x,t) = A(x-t) + B(x+t)$; siendo A y B constantes arbitrarias.

Ahora, ya no bastará con dar el valor de la función y de sus derivadas en un punto para fijar una única solución. En general, **habrá que dar el valor de la función en conjuntos de puntos como curvas, superficies**, etc. Estas condiciones se llaman **condiciones de contorno.**

6.2. Ecuaciones diferenciales en derivadas parciales de primer orden

Son ecuaciones del tipo $F(x^i, u, \partial_i u) = 0$. El problema de contorno que se plantea en estos casos es el **problema de Cauchy**, que consiste en dar el valor de la función en una hipersuperficie de n-1 dimensiones, que es lo mismo que dar una hipersuperficie de n-1 dimensiones en un espacio de n+1 dimensiones. **En el caso de dos variables**, la ecuación es de la forma:

$$F(x, y, u, \partial_x u, \partial_y u) = 0$$

El problema de Cauchy es hallar la solución que cumpla que en $x_0(s), y_0(s) \in \mathbb{R}^2$ valga $u(x_0(s), y_0(s))$. Pero esto **es equivalente a dar la curva:**

$$\Big(x_0(s), y_0(s), u\big(x_0(s), y_0(s)\big)\Big) \in \mathbb{R}^3$$

En general, esta curva admitirá distintas parametrizaciones, luego, se escribirá $(x_0(s), y_0(s), u_0(S))$. Entonces el problema de Cauchy consiste en encontrar una función $\mu(x,y)$ tal que $u_0(S) = \mu\big(x_0(s), y_0(s)\big)$. No abordamos el estudio de los teoremas de existencia y unicidad, **supondremos que la solución existe y es única.**

Diremos que una solución general de la ecuación $F(x,y,u,\partial_x u,\partial_y u)=0$ es una relación del tipo $\varphi(v,w)=0$ donde φ es arbitraria, y v, w son funciones conocidas de x,y,u, que sean solución.

6.3. Ecuaciones cuasilineales de primer orden

Para **dos variables** son de la forma:

$$a(x,y,u)\partial_x u+b(x,y,u)\partial_y u=c(x,y,u)$$

Vamos a resolver el problema de encontrar la solución que corresponde a la curva$(x_0(s),y_0(s),u_0(S))$. Buscamos $\mu(x,y)/$ $\mu(x_0(s),y_0(s))=u_0(S)$.

Dada $\mu(x,y)$, se define una superficie de $\mathbb{R}^3$ de la forma $(x,y\mu(x,y))$. Si $\mu(x,y)$ resuelve el problema de Cauchy, en primer lugar, la curva $(x_0(s),y_0(s),u_0(S))$ pertenece a la superficie $(x_0(s),y_0(s),u_0(S))=(x_0(s),y_0(s),u_0(x_0(s),y_0(s)))$.

En segundo lugar $\mu(x,y)$ satisface la ecuación diferencial en términos geométricos, esto implica que $(a(x,y,u),b(x,y,u),c(x,y,u))$ **es tangente a la superficie.** Calculemos el **vector normal a la superficie:** $(x,y,\mu(x,y))$

$$\begin{vmatrix}\hat{\imath} & \hat{\jmath} & \hat{k}\\ 1 & 0 & \partial_x u\\ 0 & 1 & \partial_y u\end{vmatrix}=(-\partial_x u,-\partial_y u,1)=\hat{n}$$

Entonces la ecuación diferencial es equivalente. $\hat{n}(a,b,c)=0;$

$-a\partial_x u-b\partial_y u+c=0\Rightarrow(a,b,c)$ es tangente a la superficie.

Ahora construimos una superficie que cumpla estas condiciones empleando el **método de las características.** Construimos la superficie $(X(s,t),Y(s,t),U(s,t))$ de la siguiente manera:

Cuando $t=0$.

$$\begin{aligned}X(s,0)&=x_0(s)\\ Y(s,0)&=y_0(s)\quad(1)\\ Z(s,0)&=u_0(s)\end{aligned}$$

Y se determina la dependencia en t, resolviendo el sistema:

$\frac{dx}{a} = \frac{dx}{b} = \frac{du}{c}$ con la condición (1).

Esto es lo que se requiere porque:

$$\frac{dx}{dt} = a, \frac{dy}{dt} = b, \frac{du}{dt} = c; \ y \ \frac{dx}{dt}, \frac{dy}{dt}, \frac{du}{dt} \ es\ tangente\ a\ la\ superficie$$

Otra manera de resolver el problema consiste en encontrar primero la solución general. $\varphi(\mu, v) = 0$ da implícitamente una solución para cualquier φ.

Veamos cómo se encuentra la solución general de: $a\frac{\partial u}{\partial x} + b\frac{\partial u}{\partial y} = c.$

Si $G_1\ y\ G_2$ son dos integrales primeras funcionalmente independientes del sistema $\frac{dx}{a} = \frac{dx}{b} = \frac{du}{c}$ entonces $\varphi(G_1, G_2) = 0$ define implícitamente una solución para cualquier φ.

Demostración:

Como $G_1\ y\ G_2$ son dos integrales primeras.

$$\frac{\partial G_1}{\partial x}a + \frac{\partial G_1}{\partial y}b + \frac{\partial G_1}{\partial u}c = 0$$
$$\frac{\partial G_2}{\partial x}a + \frac{\partial G_2}{\partial y}b + \frac{\partial G_2}{\partial u}c = 0$$

Ahora calculamos $\frac{\partial u}{\partial x}, \frac{\partial u}{\partial y}$ a partir de $\varphi(G_1, G_2) = 0$ **usando el teorema de la función implícita.** Derivamos implícitamente $\varphi(G_1(x, y, \mu(x, y)), G_2(x, y, \mu(x, y))) = 0.$

$$\begin{cases} \frac{\partial \varphi}{\partial G_1}\frac{\partial G_1}{\partial x} + \frac{\partial \varphi}{\partial G_1}\frac{\partial G_1}{\partial u}\frac{\partial u}{\partial x} + \frac{\partial \varphi}{\partial G_2}\frac{\partial G_2}{\partial x} + \frac{\partial \varphi}{\partial G_2}\frac{\partial G_2}{\partial u}\frac{\partial u}{\partial x} = 0 \\ \frac{\partial \varphi}{\partial G_1}\frac{\partial G_1}{\partial y} + \frac{\partial \varphi}{\partial G_1}\frac{\partial G_1}{\partial u}\frac{\partial u}{\partial y} + \frac{\partial \varphi}{\partial G_2}\frac{\partial G_2}{\partial y} + \frac{\partial \varphi}{\partial G_2}\frac{\partial G_2}{\partial u}\frac{\partial u}{\partial y} = 0 \end{cases}$$

$$\frac{\partial u}{\partial x} = \frac{-\left(\frac{\partial \varphi}{\partial G_1}\frac{\partial G_1}{\partial x} + \frac{\partial \varphi}{\partial G_2}\frac{\partial G_2}{\partial x}\right)}{\frac{\partial \varphi}{\partial G_1}\frac{\partial G_1}{\partial u} + \frac{\partial \varphi}{\partial G_2}\frac{\partial G_2}{\partial u}}$$

$$\frac{\partial u}{\partial y} = \frac{-\left(\frac{\partial \varphi}{\partial G_1}\frac{\partial G_1}{\partial y} + \frac{\partial \varphi}{\partial G_2}\frac{\partial G_2}{\partial y}\right)}{\frac{\partial \varphi}{\partial G_1}\frac{\partial G_1}{\partial u} + \frac{\partial \varphi}{\partial G_2}\frac{\partial G_2}{\partial u}}$$

Entonces:

$$a\frac{\partial u}{\partial x} + b\frac{\partial u}{\partial y} = \frac{1}{\frac{\partial \varphi}{\partial G_1}\frac{\partial G_1}{\partial u} + \frac{\partial \varphi}{\partial G_2}\frac{\partial G_2}{\partial u}}\left\{\frac{\partial \varphi}{\partial G_1}c\frac{\partial G_1}{\partial u} + \frac{\partial \varphi}{\partial G_2}c\frac{\partial G_2}{\partial u}\right\}$$

6.4. Ecuaciones diferenciales en derivadas parciales de segundo orden lineales

En general, son de la forma:

$\sum_{i,j=1}^{n} a_{ij}(x',\cdots x^n)\partial_i\partial_j u + \sum_{i,j=1}^{n} b_{ij}(x',\cdots x^n)\partial_i u + c(x',\cdots x^n)u = d(x',\cdots x^n)$

Y la combinación lineal de dos soluciones sigue siendo solución cuando $d = 0$. Las ecuaciones diferenciales en derivadas parciales de segundo orden lineales se clasifican atendiendo a la forma cuadrática. $q(\xi) = \sum_{i,j=1}^{n} a_{ij}\, \xi^i\xi^j$ (la matriz de las derivadas segundas). Si q es definida positiva ó negativa, la ecuación es de **tipo elíptico.** Estas ecuaciones pueden describir **fenómenos estacionarios.**

Ejemplo: **Ecuación de Laplace:**

$$\frac{\partial^2 \phi}{\partial x^2} + \frac{\partial^2 \phi}{\partial y^2} + \frac{\partial^2 \phi}{\partial z^2} = 4\pi G\rho(x,y,z); la\ matriz\ jacobiana\ es \begin{pmatrix} 1 & & \\ & 1 & \\ & & 1 \end{pmatrix}$$

Si q es no degenerada, pero no definida, es decir, se diagonaliza la matriz y hay valores propios no nulos, pero negativos y positivos, la ecuación es de **tipo hiperbólico o ultra hiperbólico**, si hay n-1 valores propios con el mismo signo. Suelen describir **fenómenos ondulatorios.**

Ejemplo: **Ecuación de ondas:**

$$\frac{\partial^2\phi}{\partial x^2}+\frac{\partial^2\phi}{\partial y^2}+\frac{\partial^2\phi}{\partial z^2}-\frac{1}{v^2}\frac{\partial^2\phi}{\partial t^2}=0$$

La matriz de las derivadas segundas es: $\begin{pmatrix} 1 & & & \\ & 1 & & \\ & & 1 & \\ & & & -1 \end{pmatrix}$

La matriz de las derivadas segundas corresponde a una ecuación ultra hiperbólica, pues hay 4 variables y n-1 valores propios del mismo signo.

Si q es degenerada (algún valor propio es nulo), entonces la ecuación es de **tipo parabólico.**

Ejemplo 1. **La ecuación de Schrödinger**

$$-ih\frac{\partial\psi}{\partial t}+\frac{h^2}{2m}\left(\frac{\partial^2\psi}{\partial x^2}+\frac{\partial^2\psi}{\partial y^2}+\frac{\partial^2\psi}{\partial z^2}\right)+V(x,y,z)\psi=0$$

La matriz de las derivadas segundas es: $\begin{pmatrix} 0 & & & \\ & 1 & & \\ & & 1 & \\ & & & 1 \end{pmatrix}$

Ejemplo 2. **La ecuación del calor**

$$\frac{\partial u}{\partial t}=\alpha^2\frac{\partial^2 u}{\partial x^2}$$

La matriz de las derivadas segundas es: $\begin{pmatrix} 0 & \\ & 1 \end{pmatrix}$

6.4.1. Condiciones de contorno

Existe la opción de dar valores a la función u en superficies $(n-1)$ dimensionales o dar valores a sus derivadas parciales. Tenemos los casos siguientes. Si S denota la hipersuperficie o hipersuperficies en las que imponemos las condiciones de contorno.

1. De primera especie. $u]_s = f$ para una cierta función conocida definida en S. Estas condiciones de contorno también se llaman de Dirichlet.

2. De segunda especie $D_v\, u]_s = f$ donde f es una función prefijada en S y $D_v\, u$ es la derivada direccional en la dirección normal a S. (de Neumann).

3. De tercera especie o mixtas $aD_v\, u]_s + bu]_s = f$

Si $f = 0$, la condición de contorno es homogénea.

Si $S = US$. S disconexas en cada una, se pueden imponer condiciones de contorno de un tipo diferente. Es habitual imponer condiciones de contorno que no determinen una cierta solución. En ocasiones se impone solamente que u sea de cuadrado integrable o que tenga buen comportamiento en el ∞.

6.4.2. Separación de variables

De los métodos de resolución **es el más usado en Física** $F(u, x^i, \partial_i u, \partial_i \partial_i u, \cdot\cdot) = 0;\ i = 1, \cdots, n$. Supongamos además que escribimos: $i = (1, \mathbb{I})$, $\mathbb{I} = 2, \cdots, n$. Y buscamos una solución del tipo: $u(x', \cdots\cdots x^n) = A(x')B(x^2, \cdots, x^n)$.

Se dice que la variable x' es separable si la ecuación original se convierte en:

$$F_1(A, A', A'', X^1) = F_2(B, X^I, d_I B, d_{II} B)$$

Entonces la única posibilidad es que: $F_1 = C, ecuación\ ordinaria,$ $F_2 = C$ ecuación en derivadas parciales con n-1 variables, siendo C una constante.

Es posible que en $F_2 = C$ haya otra variable separable y así sucesivamente. Cuando una ecuación diferencial en derivadas parciales se puede reducir a un conjunto de n ecuaciones ordinarias en las que aparecen n-1 constantes, se dice que la **ecuación** es **completamente separable.** En general, la separabilidad depende de una elección adecuada de variables $(x', \cdots\cdots x^n)$, pero además **es conveniente** elegirlas de modo **que estén adaptadas a las condiciones de contorno.**

Si F es lineal y homogénea, las ecuaciones ordinarias que salen son del tipo $\hat{L}F = cf$. Esto, junto con las condiciones de contorno, puede originar un problema de valores propios que determina los posibles valores de C. Esto da, en general, un conjunto de soluciones en variables separadas. Una combinación lineal arbitraria de las soluciones de ese conjunto es también solución y, en ocasiones, se puede argumentar que es la solución más general.

Ejemplo: la ecuación $\frac{\partial^2 x}{\partial \delta^2}(\zeta, \delta) - \frac{\partial^2 x}{\partial z^2}(\zeta, \delta) - 0$ en el conjunto $[0{,}2\pi] \in \mathbb{R}$ con la condición de contorno de Neumann homogénea.

$$\frac{\partial x}{\partial \delta}(\zeta, 0) = 0$$
$$\frac{\partial x}{\partial \delta}(\zeta, 2\pi) = 0$$

Buscamos una solución del tipo $X = A(\zeta) \cdot B(\delta)$. Las condiciones de contorno implican $B'(0) = 0,\ B'(2\pi) = 0$. Sustituimos $X = A \cdot B$ en la ecuación.

$$A\frac{\partial^2 B}{\partial \delta^2} - B\frac{\partial^2 A}{\partial \delta^2} = 0$$

Dividiendo por $A \cdot B$:

$$\frac{1}{B}\frac{\partial^2 B}{\partial \delta^2} = \frac{1}{A}\frac{\partial^2 A}{\partial \delta^2}$$

La única posibilidad es que:

$$\begin{array}{ll} \frac{1}{B}\frac{\partial^2 B}{\partial \delta^2} = C & \\ & \textit{siendo C una constante} \\ \frac{1}{A}\frac{\partial^2 A}{\partial \delta^2} = C & \end{array}$$

O bien:

$$\begin{array}{ll} \frac{\partial^2 B}{\partial \delta^2} = CB & \\ & (\hat{\imath}B = C) \\ \frac{\partial^2 A}{\partial \delta^2} = CA & \end{array}$$

Tenemos en particular, el problema: $\frac{\partial^2 B}{\partial \delta^2} = CB;\ B'(0) = 0;\ B'(2\pi) = 0$. Si C es positivo, no se pueden cumplir las condiciones $B'(0);\ B'(2\pi)$. De hecho, $C = -n^2$, $n = 0,1,\cdots$. En ese caso, $B = b_1 \cos n\delta + b_2 sen\, n\delta$. Las condiciones sobre B' implican $b_2 = 0 \Rightarrow B_n \alpha \cos n\delta$. Para esa B_n tenemos:

$X_n = A_n B_n$ donde A_n es solución de $\frac{d^2 A}{dt^2} = -n^2 A \Rightarrow$

Si $n \neq 0;\ \ A = a_n \cos nz + a_n'\, sen\, nz$

Si $n = 0;\ \ A = a_0 + a_0' z$

Luego: $X_0 = (a_0 + a_0' z)$

$(n \geq 1) \Rightarrow X_n = (a_n \cos nz + a_n'\, sen\, nz) \cos n\delta$

Como **la ecuación es lineal y homogénea:**

$a_0 + a_0' z = \sum_{n=1}^{\infty} (a_n \cos nz + a_n'\, sen\, nz) \cos n\delta$ es solución que satisface las condiciones de contorno. De hecho, se puede argumentar que ésta, es la **solución más general para X de cuadrado integrable.**

En efecto:

$$\frac{\partial x}{\partial \delta} = \sum_{n=0}^{\infty} sen\, n\, \delta A_n(\zeta) \Rightarrow X = \sum_{n=0}^{\infty} cos\, n\, \delta \hat{A}_n(\zeta)$$

Pero ya hemos vistos, al encontrar soluciones por separación de variables que:

$n = 0;\ \ \hat{A}_0(\zeta) = n_0 + a_0'(\zeta)$
$(n \geq 1) \Rightarrow \hat{A}_n(\zeta) = a_n \cos nz + a_n'\, sen\, nz$

79- Resolver: $2y(a-x)dx + [z - y^2 + (a-x)^2]dy - ydz = 0$

Buscamos $G/\ dG = \frac{\partial G}{\partial x} dx + \frac{\partial G}{\partial y} dy + \frac{\partial G}{\partial z} dz;$

Para que exista, es necesario y suficiente que: $(\overline{\nabla} \wedge \widehat{\omega}) \cdot \widehat{\omega} = 0$

$$(\overline{\nabla} \wedge \widehat{\omega}) = \begin{vmatrix} \hat{\imath} & \hat{\jmath} & \hat{k} \\ \frac{\partial}{\partial x} & \frac{\partial}{\partial y} & \frac{\partial}{\partial z} \\ 2y(a-x) & [z-y^2+(a-x)^2] & -y \end{vmatrix} = (-2,0,-4(a-x))$$

Podemos comprobar que: $(\overline{\nabla} \wedge \widehat{\omega}) \cdot \widehat{\omega} = 0$.

Transformamos $\widehat{\omega}$ en otra que es **homogénea de orden 2** con el cambio de variables:

$$(a-x);\ \ z = \eta^2$$
$$-2y\hat{x}d\hat{x} + [\eta^2 - y^2 + \hat{x}^2]dy - 2y\eta d\eta = 0$$

Ahora **se transforma en una forma con una variable separada** haciendo el cambio:

$$y = u\eta$$
$$\hat{x} = v\eta$$

$$-2u\eta v\eta d(v\eta) + (\eta^2 - \eta^2u^2 + v^2\eta^2)d(u\eta) - 2u\eta\eta d\eta = 0$$

$$d(v\eta) = \frac{\partial v\eta}{\partial v}dv + \frac{\partial v\eta}{\partial u}d\eta + \frac{\partial v\eta}{\partial \eta}d\eta = \eta dv + vd\eta$$

De este modo, llegamos a:

$$\frac{d\eta}{\eta} = \frac{2vdv}{1+u^2+v^2} - \frac{1u^2+v^2}{u(1+u^2+v^2)}$$

Sabemos que la solución es: $G = \int \frac{d\eta}{\eta} + H(u,v)$, donde $H(u,v)$ es la función que existe tal que:

$$\left.\begin{aligned} \frac{\partial H}{\partial v} &= \frac{2vdv}{1+u^2+v^2} \\ \frac{\partial H}{\partial u} &= -\frac{1u^2+v^2}{u(1+u^2+v^2)} \end{aligned}\right\} \Rightarrow H$$

$$= \log(1+u^2+v^2) - \log(u) \Rightarrow H = \log\left(\frac{1+u^2+v^2}{u}\right)$$

Luego: $G = \log\eta + \log\left(\frac{1+u^2+v^2}{u}\right)$

Como $G = cte \Rightarrow e^G = cte$

Si usamos $e^G \Rightarrow C = \eta\left(\frac{1+u^2+v^2}{u}\right)$

Ahora deshacemos el cambio.

$$u = \frac{y}{\eta} = \frac{y}{\sqrt{z}}$$
$$v = \frac{\hat{x}}{\eta} = \frac{(a-x)}{\sqrt{z}}$$

De esta forma, nos queda:

$$\boxed{\frac{z}{y} + y + \frac{(a-x)^2}{y} = C}$$

80- Resolver: $\frac{\partial u}{\partial x} + \frac{\partial u}{\partial t} + 2u = 0;\ \ u(x,0) = sen\, x$

Método 1: (método de las características).

Buscamos una superficie: $(x(s,s'), t(s,s'), u(s,s'))$ tal que $(x(s,0), t(s,0)u(s,0)$ se reduce a la curva problema $(s, 0, sen\, s)$ y con la condición:

$$\frac{dx}{1} = \frac{dt}{1} = \frac{du}{-2u}$$

Empleamos t como parámetro.

$$\left.\begin{array}{l} \dfrac{dx}{ds'} = 1 \\ \dfrac{dt}{ds'} = 1 \\ \dfrac{du}{ds'} = -2u \end{array}\right\} \begin{array}{l} \dfrac{dx}{dt} = 1 \\ \dfrac{du}{dt} = -2u \end{array} \Rightarrow \begin{array}{l} x = t + C_1 \\ u = C_2 e^{-2t} \end{array}$$

Ahora, determinamos $C_1\ y\ C_2$ con la condición de que para $t = 0$:

$$\begin{array}{l} x(0) = s \\ u(0) = sen\, s \end{array} \Rightarrow \begin{array}{l} C_1 = s \\ C_2 = sen\, s \end{array}$$

Luego la superficie solución es: $(t+s,t,e^{-2t}sens)$

Para encontrar $u(x,t)$, parametrizamos esta misma superficie de otro modo:

$$t+s=x; s=x-t; (x,t,e^{-2t}sen\ (x-t))$$

De donde se deduce que: $u(x,t)=e^{-2t}sen\ (x-t)$

Método 2: (usando la solución general)

Ya sabemos que: $\varphi(G_1,G_2)=0$ es una solución general si $G_1\ y\ G_2$ son dos integrales primeras de:

$$\frac{dx}{1}=\frac{dt}{1}=\frac{du}{-2u}\Rightarrow\begin{cases}dx-dt=0; d(x-t)=0\Rightarrow x-t=G_1\\ dx+\dfrac{du}{2u}=0; d\left(x+\log u^{1/2}\right)=x+\log u^{1/2}=G_2\end{cases}$$

La solución general es, por lo tanto; $\varphi\left(x-t,x+\log u^{1/2}\right)=0$, donde φ es arbitraria.

Ahora, determinamos φ para que $u(x,0)=sen\ x$; φ tiene que ser tal que:

$$\varphi\left(x-0,x+\log x^{1/2}\right)=0$$

Una solución de esto es: $\varphi(\alpha,\beta)=\beta-\left(\alpha+\log(sen\ \alpha)^{\frac{1}{2}}\right)$

Por lo tanto, la solución es:

$$x+\log u^{1/2}-\big((x-t)\big)+\frac{1}{2}\log\big(sen(x-t)\big)=0$$

$$\Rightarrow\log u=-2t+\log\big(sen(x-t)\big);\ \ u=e^{-2t}sen\ (x-t)$$

81- Encontrar dos integrales primeras para el sistema.

$$\frac{dx}{y^3x-x^4}=\frac{dy}{2y^4-x^3y}=\frac{dz}{2z(x^3-y^3)}$$

$2z(x^3 - y^3)dy = (2y^4 - x^3y)dz$ no es integrable, pero $(2y^4 - x^3y)dx = (y^3x - x^4)dy$ sí que es integrable, porque no está la variable z.

La solución es: $\frac{y^3+x^3}{y^2x^2} = C_1$

Para encontrar la otra integral primera, observamos que: $\widehat{\omega}\left(\frac{z}{x}, \frac{z}{y}, \frac{3}{2}\right)$ es ortogonal a $(y^3x - x^4, 2y^4 - x^3y, 2z(x^3 - y^3))$ y, además, $\frac{z}{x}dx + \frac{z}{y} + \frac{3}{2}z = 0$ no es integrable $\Rightarrow$ la otra integral primera es $x^2y^2z^3 = C_2$.

Las soluciones del sistema son las intersecciones de las superficies:

$$\begin{cases} \dfrac{y^3 + x^3}{y^2x^2} = C_1 \\ x^2y^2z^3 = C_2 \end{cases}$$

82- Resolver $(y^2 + yz + z^2)dx + (z^2 + zx + x^2)dy + (x^2 + xy + y^2)dz = 0$

$y^2 + yz + z^2$ →**es homogénea y de grado 2**, y lo mismo ocurre con las otras dos ecuaciones. En estos casos, conviene hacer el cambio de variable:

$(x, y, z) \to \left(x, \frac{y}{x^2}, \frac{z}{x}\right) \to (x, u, v)$

Primero hay que comprobar si es integrable.

$$(\overline{\nabla} \wedge \widehat{\omega}) = \begin{vmatrix} \hat{\imath} & \hat{\jmath} & \hat{k} \\ \dfrac{\partial}{\partial x} & \dfrac{\partial}{\partial y} & \dfrac{\partial}{\partial z} \\ y^2 + yz + z^2 & z^2 + zx + x^2 & x^2 + xy + y^2 \end{vmatrix} = [2(y - z), 2(z - x), 2(z - y)]$$

Se cumple que $(\overline{\nabla} \wedge \widehat{\omega}) \cdot \widehat{\omega} = 0$.

Hacemos el cambio de variable: $y = ux; z = vx$

$$(u^2x^2 + uvx^2 + v^2x^2)dx + (v^2x^2 + vx^2 + x^2)(dux + udx)$$
$$+ (x^2 + ux^2 + u^2x^2)(dvx + vdx) = 0$$

$$x^2[(u^2 + uv + v^2)dx + (v^2 + v + 1)(dux + udx) + (u^2 + u + 1)](dvx$$
$$+ vdx) = 0$$

$$[(u^2 + uv + v^2) + u(v^2 + v + 1) + v(u^2 + u + 1)dx]$$
$$+ x[(v^2 + v + 1)du + (u^2 + u + 1)dv = 0]$$

Es una **ecuación diferencial en derivadas parciales en la que la x está separada:**

$$\frac{dx}{x} = \frac{(v^2 + v + 1)du}{(v + u + 1)(u + uv + v)} + \frac{(u^2 + u + 1)dv}{(v + u + 1)(u + uv + v)}$$

Esta **es una ecuación de Pfaff con una variable separada y que además es exacta.** Sea $H(u, v)$ la función potencial:

$$\frac{\partial H}{\partial u} = \frac{(v^2 + v + 1)}{(v + u + 1)(u + uv + v)} - \frac{1}{u + v + 1} + \frac{1 + v}{u + uv + v}$$

$$H = \ln\frac{u + uv + v}{u + v + 1} + C(v)$$

Introduciéndolo en la ecuación, queda:

$$\frac{\partial H}{\partial v} = \frac{-1}{u + v + 1} + \frac{1 + u}{u + uv + v}$$

Resulta:

$$\frac{\partial G}{\partial v} + \frac{1 + u}{u + uv + v} - \frac{1}{u + v + 1} = \frac{-1}{u + v + 1} + \frac{1 + u}{u + uv + v} \Rightarrow \frac{\partial G}{\partial v} = 0$$

Así podemos tomar $H(u, v) = \ln\frac{u+uv+v}{u+v+1}$

La solución del problema completo es:

$$G(x, u, v) = \int \frac{\partial x}{x} + H(u, v) = \ln(x) + \ln\frac{u + uv + v}{u + v + 1}$$

O también: $e^G = x\cdot\frac{u+uv+v}{u+v+1}$

Ahora deshacemos el cambio de variables:

$$G(x,y,z) = \frac{x\left(\frac{y}{x} + \frac{yz}{x^2} + \frac{z}{x}\right)}{\frac{y}{x} + \frac{z}{x} + 1} = \frac{xy + xz + yz}{x + y + z}$$

83- Resolver $(y-u)\frac{\partial u}{\partial x} + (x-y)\frac{\partial u}{\partial y} = u - x;\ \ y = 1, u = x^2$

Llamamos $y - u = a;\ \ x - y = b;\ \ u - x = c$. Vamos a encontrar primero la solución general. Se trata de encontrar dos integrales primeras $G_1\ y\ G_2$ del sistema:

$$\frac{dx}{a} = \frac{dy}{b} = \frac{dz}{c}$$

Si φ es una función arbitraria de dos variables, entonces:

$$\varphi(G_1(x,y,u), G_2(x,y,u)) = 0$$

Debemos encontrar dos integrales primeras de:

$$\frac{dx}{y-u} = \frac{dy}{x-y} = \frac{dz}{u-x}$$

Buscamos $\widehat{\omega} = (\omega_1, \omega_2, \omega_3)$ que sea ortogonal a $(y-u, x-y, u-x)$ e integrable. Es evidente que $\widehat{\omega} = (1,1,1)$ es solución.

$$(1,1,1)\cdot(y-u, x-y, u-x) = y - u + x - y + u - x = 0$$

$$\widehat{\omega} = dx + dy + dz = d(x + y + z)$$

Luego: $G_1 = x + y + z$

También, se ve fácilmente que $\widehat{\omega} = (y+u, x+y, u+x)$ es también solución.

$$(\overline{\nabla} \wedge \widehat{\omega}) = \begin{vmatrix} \hat{\imath} & \hat{\jmath} & \hat{k} \\ \frac{\partial}{\partial x} & \frac{\partial}{\partial y} & \frac{\partial}{\partial z} \\ y+u & x+y & u+x \end{vmatrix} = (0,1-1,1-1) = (0,0,0)$$

$\widehat{\omega}$ no sólo es integrable, sino que además es exacta, por tanto, $G(x,y,z)$ será solución de:

$$\frac{\partial G^2}{\partial x} = y + u;\ G_2 = (y+u)x + H(y,z)$$
$$\frac{\partial G^2}{\partial y} = x + y;\ x + \frac{\partial H}{\partial y} = x + y \Rightarrow G_2 = (y+u)x + \frac{y^2}{2} + k(u)$$

$$G_2 = (y+u)x + \frac{y^2}{2} + \frac{k^2}{2}$$

Entonces, la solución general es $\varphi\left(x + y + u, (y+u)x + \frac{y^2}{2} + \frac{k^2}{2}\right) = 0$; φ es arbitraria.

Ahora, vamos a buscar la solución que pasa por $y = 1; k = x^2$. Esto, se hace buscando una forma particular de φ para la cual: $\varphi\left(x + y + u, (y+u)x + \frac{y^2}{2} + \frac{k^2}{2}\right)\Big]_{y=1}^{k=x^2} = 0$

Luego: $\varphi\left(x + 1 + x^2, \frac{1}{2}(1 + x + x^2)^2 - \frac{3}{2}x^2\right)$

Ahora, llamamos: $\begin{matrix} \alpha = 1 + x + x^2 \\ \beta = \frac{1}{2}(1 + x + x^2)^2 - \frac{3}{2}x^2 \end{matrix}$

Vamos a encontrar una relación entre $\alpha\, y\, \beta$. Para ello, resolvemos:

$$x^2 + x - 1 - \alpha = 0 \Rightarrow x = -\frac{1}{2} \pm \sqrt{3 + 4\alpha} \Rightarrow \beta$$
$$= \frac{\alpha^2}{2} - \frac{3}{4}\left(-1 + 2\alpha \pm \sqrt{3 + 4\alpha}\right)$$

Para quitar la raíz, despejamos $\pm\sqrt{3 + 4\alpha}$ y elevamos al cuadrado:

$3 + 4\alpha = \left(\frac{4}{3}\beta - \frac{2}{3}\alpha^2 - 1 + 2\alpha\right)^2$ (1)

Por lo tanto, si elegimos

$\varphi(\alpha,\beta) = 3 + 4\alpha - \left(\frac{4}{3}\beta - \frac{2}{3}\alpha^2 - 1 + 2\alpha\right)^2$; φ es idénticamente cero cuando se cumple la relación (1). La solución pedida resulta de sustituir en esta, φ $\begin{matrix} \alpha = 1 + x + x^2 \\ \beta = \frac{1}{2}(1 + x + x^2)^2 - \frac{3}{2}x^2 \end{matrix}$, obteniendo como resultado:

$$3 + 4(x + y + u) - 2(x + y + u) - 1 - \frac{4}{3}(yu)^2 = 0$$

84- Usando el método de separación de variables, encontrar la solución escrita como desarrollo en serie de funciones de la ecuación:

$\frac{\partial^2 X}{\partial \delta^2}(T,\delta) - \frac{\partial^2 X}{\partial T^2}(T,\delta) = 0$. En el conjunto $[0,\pi] \in \mathbb{R}$ con la condición de contorno:

$\frac{\partial X}{\partial \delta}(T,0) = 0$; $\frac{\partial X}{\partial \delta}(T,\pi) = 0$.

Usando separación de variables: $\boxed{X = \hat{\zeta}(\delta) \cdot \mathcal{T}}$

Sustituyendo en la ecuación diferencial:

$$\mathcal{T}\frac{\partial^2 \hat{\zeta}}{\partial \delta^2} - \hat{\zeta}\frac{\partial^2 \mathcal{T}}{\partial \delta^2} = 0 \Rightarrow \frac{1}{\hat{\zeta}}\frac{\partial^2 \hat{\zeta}}{\partial \delta^2} = \frac{1}{\mathcal{T}}\frac{\partial^2 \mathcal{T}}{\partial \mathcal{T}^2}$$

Luego, ambos miembros de la ecuación tienen que ser iguales a una misma constante $C \in \mathbb{Z}$.

$$\begin{cases} \dfrac{\partial^2 \hat{\zeta}}{\partial \delta^2} = C\hat{\zeta} \\ \dfrac{\partial^2 \mathcal{T}}{\partial \mathcal{T}^2} = C\mathcal{T} \end{cases}$$

Sustituyendo en las condiciones de contorno:

$$\left.\begin{matrix} \dfrac{\partial}{\partial \delta}\hat{\zeta}(0)\mathcal{T}(T) = 0 \\ \dfrac{\partial}{\partial \delta}\hat{\zeta}(\pi)\mathcal{T}(T) = 0 \end{matrix}\right\} \Rightarrow \begin{matrix} \dfrac{\partial \hat{\zeta}(0)}{\partial \delta} = 0 \\ \dfrac{\partial \hat{\zeta}(\pi)}{\partial \delta} = 0 \end{matrix}$$

Estudiamos $\frac{\partial^2 \hat{\zeta}}{\partial \delta^2} = C\hat{\zeta}$ junto con $\frac{\partial \hat{\zeta}(0)}{\partial \delta} = \frac{\partial \hat{\zeta}(\pi)}{\partial \delta} = 0$

La solución general de la ecuación es:

$\hat{\zeta}(\delta) = A\, sen(\sqrt{-c}\,\delta) + B\cos(\sqrt{-c}\,\delta)$ (relación que es cierta cuando $c \neq 0$)

Ahora, comprobamos la ecuación derivando primero.

$$\frac{\partial \hat{\zeta}}{\partial \delta}(\delta) = A\sqrt{-c}\cos(\sqrt{-c}\,\delta) - B\sqrt{-c}\, sen(\sqrt{-c}\,\delta)$$

$$0 = \frac{\partial \hat{\zeta}}{\partial \delta}(0) = A\sqrt{-c} = 0 \Rightarrow \boxed{A = 0} \text{ ó } \boxed{C = 0}$$

$$0 = \frac{\partial \hat{\zeta}}{\partial \delta}(\pi) = -B\sqrt{-c}sen(\sqrt{-c}\,\pi) = 0 \Rightarrow \begin{cases} B = 0; la\ solución\ trivial\ no\ nos\ sirve \\ en(\sqrt{-c}\,\pi) = 0 \Rightarrow \sqrt{-c} = n \Rightarrow C = -n^2 \end{cases}$$

En el caso $C = 0$, tenemos:

$$\frac{\partial^2 \hat{\zeta}}{\partial \delta^2} = 0 \Rightarrow \hat{\zeta} = k_1\delta + k_2$$

Aplicando las condiciones de contorno:

$$\frac{\partial \hat{\zeta}}{\partial \delta} = k_1 \Rightarrow k_1 = 0$$

Luego, la solución para δ es: $\hat{\zeta}_n = B_n \cos n\,\delta;\, con\ n \in \mathbb{N}$

Contando que $C = -n^2$, y dando valores, calculamos la solución para $\mathcal{T}(\delta)$ tal que:

$$\frac{\partial^2 \mathcal{T}}{\partial \mathcal{T}^2} = -n^2\mathcal{T} \Rightarrow \mathcal{T} = \begin{cases} n = 0;\ \ \mathcal{T}(T) = C_1T + D_1 \\ n \neq 0\ \ \mathcal{T}(T) = A_n sen\, nT + A'_n \cos nT \end{cases}$$

Luego, para cada n, tenemos la solución general:

$$X(T,\delta) = \begin{cases} n = 0\ \ (Ct + D)k_2 \\ n \neq 0\ (A_n sen\, nT + A'_n \cos nT) \cdot B_n \cos n\delta \end{cases}$$

La combinación lineal de varias de estas soluciones es solución de la ecuación y de las condiciones de contorno. Vamos a argumentar que se puede poner como desarrollo en serie de estas soluciones. Si nos piden la solución más general, tenemos que resolver con la argumentación siguiente:

Razonamos con $\frac{\partial X}{\partial \delta}(T,0)$. Las condiciones de contorno implican que $\frac{\partial X}{\partial \delta}$ vale cero en 0 y en π. **Desarrollamos $\frac{\partial X}{\partial \delta}(T,0)$ en serie de Fourier** (vale cero en los extremos).

$$\frac{\partial X}{\partial \delta}(T,0) = \sum_{n=1}^{\infty} a_n(T) \cdot sen\, n\delta$$

$$\frac{\partial X}{\partial \delta} \; cumple \; la \; misma \; E.D. que \; X(\delta)$$

$$\boxed{X(\delta,T) = a_o(T) + \sum_{n=1}^{\infty} b_n(T) \cdot cos\, n\delta}$$

Tenemos que imponer la ecuación diferencial sobre la expresión anterior, implica que:

$$b_n(T) = c_n sen\, nT + c_n' \cos nT$$
$$a_o(T) = C_o + C_n'(T)$$

Por lo tanto:

$$X(\delta,T) = C_o + C_n'(T) + \sum_{n=1}^{\infty} (d_n sen\, nT \cdot cos\, n\delta + d_n' \cos nT \; sen\, n\,\delta)$$

Siendo $d_n \; y \; d_n'$ los diferentes modos de oscilación de la cuerda.

¡GRACIAS POR COMPRAR ESTE LIBRO!

Me encantaría conocer tú opinión después de que lo hayas leído. Te invito a que me escribas a ferradashnos@gmail.com

Tu opinión sobre esta obra me importa. Será una aportación valiosa para mí.

Gracias por dedicarme un poco de tu valioso tiempo.

BIBLIOGRAFÍA

BIBLIOGRAFÍA

1. CASTRO FIGUEROA, ABEL ROSENDO (1997). CURSO BÁSICO DE ECUACIONES DIFERENCIALES. Ed. Addison-Wesley Iberoamericana.

2. JOHN. F, (1991). PARTIAL DIFFERENTIAL EQUATIONS. Ed. Springer; 3rd Printing edition.

3. PUIG ADAM, PEDRO, (1976). CURSO TEÓRICO PRÁCTICO DE ECUACIONES DIFERENCIALES APLICADO A LA FÍSICA Y LA TÉCNICA. Ed. Biblioteca Matemática.

4. MURRAY R. SPIEGEL, (1961). ECUACIONES DIFERENCIALES APLICADAS. Ed. Prentice Hall.

5. S. NOVO, R. OBAYA Y J. ROJO, (1995). ECUACIONES Y SISTEMAS DIFERENCIALES. Ed. McGraw-Hill.

6. GADELLA URQUIZA, MANUEL, NIETO CALZADA, LUIS MIGUEL, (2000). MÉTODOS MATEMÁTICOS AVANZADOS PARA CIENCIAS E INGENIERÍAS. Ed. Universidad de Valladolid, Secretariado de Publicaciones.

OTRAS OBRAS DE ESTE AUTOR

Física para tus días libres.

(Autor: Álvaro Ferradas Hernando

Ilustrador: Blanca Ferradas Hernando)

LO PUEDES ENCONTRAR EN:

AQUÍ: https://bit.ly/fisicadiaslibrescolor

Unidades didácticas para distintas etapas educativas de Física y Química.

(Autor: Álvaro Ferradas Hernando

Ilustrador: Blanca Ferradas Hernando)

LO PUEDES ENCONTRAR EN:

AQUÍ: https://bit.ly/undidacfisquim

Apuntes de Física para 2º de Bachillerato y EBAU.

(Autor: Álvaro Ferradas Hernando

Ilustrador: Blanca Ferradas Hernando)

LO PUEDES ENCONTRAR EN:

AQUÍ: https://bit.ly/39uu4z9fisica2ºBachilleratoEBAU

Made in the USA
Columbia, SC
19 September 2024

42646479R00078